ÉTUDES

SUR LES

MINES DES PYRÉNÉES

FRANÇAISES ET ESPAGNOLES

ÉTUDES

SUR LES

MINES DES PYRÉNÉES

FRANÇAISES ET ESPAGNOLES

PAR

P. HÉBERT

INGÉNIEUR GÉNÉRAL DES MINES, MEMBRE DE LA SOCIÉTÉ GÉOLOGIQUE DE FRANCE

TOME PREMIER

BORDEAUX

IMPRIMERIE G. GOUNOUILHOU

11, RUE GUIRAUDE, 11

Mars 1865

INTRODUCTION.

L'industrie des mines, si puissante et si active au nord de la France, languit au pied des Pyrénées : les forges catalanes éteignent leurs feux malgré l'excellence des minerais dont elles se servent; les transports sont coûteux, et le fer ne peut plus se fabriquer à bon marché. Quant aux autres métaux, ils restent, comme dans le passé, ensevelis au sein de la montagne. De temps à autre la pioche d'un indiscret chercheur vient remettre au jour les traces des fouilles d'autrefois; un instant la montagne répète les coups du marteau et le bruit des coups de mines; puis tout rentre dans le silence et l'oubli, sans qu'on puisse nettement en attribuer la cause à la richesse des mines elles-mêmes.

Il y a longtemps déjà que nos devanciers ont constaté les mêmes faits.

Le siècle dernier, près de finir, sembla vouloir ranimer un instant l'industrie dans les Pyrénées; mais le désordre de ses dernières années arrêta le mouvement, et aujourd'hui, après quatre-vingts ans d'intervalle, tout est resté dans la même situation. Quelques pelletées de terre et de roches enlevées de plus aux fouilles des vieilles mines, quelques autres enlevées sur de nouvelles, voilà partout, sauf à Sentein et dans quelques mines des environs par exemple, le travail, aux Pyrénées, d'un siècle presque entier. Il n'est pas jusqu'aux vieilles légendes que le baron de Dietrich raconte dans un travail publié en 1786, qu'on ne nous raconte encore aujourd'hui.

Et cependant l'art d'exploiter les mines et celui de traiter les minerais ont progressé.

Il est vrai qu'en France l'exploitation des mines métalliques marche plus lentement qu'ailleurs; on suppose généralement que les mines sont mauvaises, et presque toujours ou on ne les a pas étudiées, ou on les a mal étudiées. Ce stationnement de l'industrie minérale a des causes diverses; il ne nous appartient pas de les étudier ici; c'est à l'économie sociale de les discuter.

Les Pyrénées furent étudiées vers 1780 par l'abbé Palassou, qui fit une statistique minérale de ces montagnes. Peu après, Duhamel, de l'Académie des Sciences, étudia les mines et forges de fer de l'Ariége, et, à peu près vers la même époque, le baron de Dietrich, aussi de l'Académie des Sciences, envoyé par le comte d'Artois, depuis Louis XVIII, roi de France, parcourut les Pyrénées françaises, surtout au point de vue de l'art de l'ingénieur, et s'efforça de compléter l'œuvre de Palassou.

Il constata et enregistra l'existence des mines suivantes :

43 mines argentifères.
99 id. de plomb.
98 id. de cuivre.
20 id. de zinc.
14 ruisseaux aurifères.
74 mines de fer.
 3 id. de nickel et Cobalt.
 1 id. de bismuth.

Nous laissons de côté les pyrites martiales, les pyrites de fer, l'ocre, et les lignites dont il parlait; cependant les premières sont parfois des chapeaux de filons importants.

Il ne faudrait pas croire que l'opinion du baron de Dietrich fût défavorable à ces mines. Il conseilla, il est vrai, d'abandonner les travaux sur quelques unes; mais presque partout il témoigna le regret de se trouver en présence de recherches insuffisantes.

Nous citerons le passage suivant de son ouvrage :

« Parmi le nombre considérable d'attaques formées sur les dif-
» férentes mines que je viens de décrire, il n'y en a pas une seule
» qu'on ne doive regarder comme étant encore à jour. Dès que
» les filons ne donnent point de minerai massif, après une toise
» ou deux de travail, l'ouvrage est délaissé. Les minières des

» magnifiques filons de Morédéty dans le territoire de Mêles, celles
» d'Esteños dans la vallée de Luchon sont désertes; les filons de
» Morédéty et ceux d'Esteños ne fournissent encore que du minerai
» à bocard, et il n'en existe pas un dans toute la vallée; on
» abandonne plutôt les mines que d'en établir. Il en arrivera peut-
» être autant aux belles mines de la montagne de Guchan, qui
» méritent si bien d'être exploitées avec soin. La facilité d'attaquer
» où l'on veut dans une concession aussi immense, la certitude
» que personne ne s'emparera des mines qu'on abandonne, sont
» la source de cette déprédation. »

Plus loin, ce savant déplore la funeste habitude qu'ont les ouvriers d'enlever la crête des filons; en prenant le travail de cette
sorte, ils se trouvent bientôt en présence de difficultés contre
lesquelles leur ardeur ne tarde pas à s'éteindre.

Vers 1820, le géologue de Charpentier, directeur de mines dans
le midi de la France, fit une esquisse géognostique des Pyrénées
fort intéressante.

Aujourd'hui, à quatre-vingts ans d'intervalle, les mêmes observations sont justes; il n'y a rien de changé dans cette situation
anormale; les fouilles anciennes et nouvelles se ressemblent et
consistent toujours en quelques mètres d'avancement. C'est là toute
la recherche qui a précédé l'abandon, lequel reste encore aujourd'hui sans causes visibles et sérieuses.

Appelé depuis quelque temps au milieu des Pyrénées, nous
n'avons pas hésité à consacrer une partie de notre temps à l'étude
de ces montagnes. Chaque jour, à chaque instant, on nous appor-
tait des minerais; et, à l'aspect de ces richesses, nous nous sommes
demandé s'il ne serait pas utile de faire sur ces montagnes de
nouvelles observations. Elles s'étendront à la fois sur les Pyrénées
françaises et espagnoles; nous espérons les continuer chaque
année, et ajouter à chaque campagne de nouvelles observations
aux anciennes. Nous ne pourrons pas, il est vrai, trouver dans ce
mode de publication un ordre absolu; mais nous avons pensé
qu'il ne nous était pas permis de cacher plus longtemps à la science
et à l'industrie le résultat de nos investigations. Un jour peut-être,
si nous arrivons à compléter notre travail, nous nous efforcerons
d'y mettre un peu plus d'ordre.

Si nos efforts sont insuffisants pour atteindre ce but, nos recherches serviront de renseignements à ceux qui viendront après nous, et nous aurons eu l'avantage d'être utile.

Nous passerons aussi en revue certaines questions de géologie aujourd'hui incomplètes. Nous n'oublierons pas davantage la minéralogie ; mais nos principales observations seront sur les mines et sur leurs conditions économiques d'exploitation.

La célébrité qu'avait autrefois le versant méridional des Pyrénées nous a imposé le devoir de l'étudier avec soin. C'est à lui en effet que Tyr et Carthage venaient autrefois réclamer les richesses dont on nous a transmis le souvenir. — Les Phéniciens, au rapport de Diodore de Sicile, trouvèrent tant d'or et d'argent dans les Pyrénées qu'ils en mirent aux ancres de leurs vaisseaux ; on tirait en trois jours un talent cuboïque en argent, ce qui montait à huit cents ducats.

Tite-Live parle de l'or et de l'argent que les mines de Huesca fournissaient aux Romains. — Les monts qui s'avancent jusqu'à Pampelune sont fameux, suivant Alphonse Barba, par la quantité d'argent qu'on en a tirée ; ils s'étendent aussi vers l'Èbre ; leur richesse est vantée par Aristote et par Claudien.

In Iberiâ, aiunt, combustis aliquandò à pastoribus sylvis, calente que ex ignibus terrâ, manifestatum argentum defluxisse. Cumque postmodùm terræ motus supervenissent, eruptis hiatibus, magnam copiam argenti simul collectam, atque indè etiam Massiliensibus proventus non vulgares obtigisse. (Aristote, De mirab. ausc.)

On nous demandera peut-être comment il est arrivé que les riches mines du versant espagnol des Pyrénées n'ont pas été exploitées jusqu'à nos jours.

Pendant des siècles le Nouveau-Monde a servi à l'Espagne toute puissante d'immenses richesses qui faisaient oublier celles de la mère-patrie. Les transports étaient plus difficiles qu'aujourd'hui, car ils s'améliorent chaque jour. La loi des mines elle-même n'était pas favorable à leur exploitation ; mais aujourd'hui, les monopoles sont presque tous tombés, les formalités administratives sont devenues plus simples, et l'industrie des mines se trouve débarrassée de ses entraves.

La loi espagnole sur les mines est d'une simplicité remarquable. Elle est complètement favorable à l'inventeur ; c'est une justice, et en même temps, suivant nous, ce n'est pas une faute.

L'ordre naturel des faits ramène peut-être plus vite les mines aux mains des capitalistes, que si la loi faisait une réserve en leur faveur.

Lorsqu'un gisement est dénoncé au gouverneur de la province, et que l'ingénieur a constaté que l'existence de ce gisement est reconnue par des travaux suffisants, le Gouvernement concède une ou deux pertinences *(pertinencias),* suivant la demande primitive du concessionnaire. Chaque pertinence représente six hectares en superficie horizontale.

Bien des personnes ont objecté la faible étendue de ce genre de concession comparée à la nôtre, la concession française. Nous sommes loin d'être de leur avis, car cette étendue est suffisante pour l'installation d'une exploitation sérieuse, et plusieurs personnes peuvent apporter chacune deux pertinences dans la formation d'une même société.

Du reste, l'Espagne n'est pas le seul pays où la concession soit limitée; elle l'est aussi en Italie. L'article 70 de la loi du 20 novembre 1859 porte en effet que l'étendue d'une concession de mines ne pourra pas dépasser quatre cents hectares.

Pour nous, cette étendue nous semble encore trop considérable, car nous n'aimons pas le monopole ni tout ce qui s'en rapproche. Nous le trouvons dangereux pour l'avenir d'une contrée; contraire à l'intérêt général des consommateurs, funeste à l'industrie ainsi qu'à la science, il arrête le progrès que faciliterait la concurrence, permet de s'endormir sur des richesses auxquelles nul autre ne peut toucher, et favorise trop souvent des spéculations illicites.

Nous préférons, autant que cela est possible, voir l'industrie s'élever et grandir de ses propres forces. C'est ainsi que commencent souvent les grandes fortunes. L'homme qui dispose d'une quantité restreinte de capitaux est sollicité davantage à les mieux utiliser par la peur de les compromettre. Il ne compte pas sur un appel de fonds qui pourrait ne pas lui répondre, et alors il emploie, plus lentement peut-être, mais plus sûrement son argent.

Tels sont les divers motifs qui nous font considérer comme fort sage la loi des mines en Espagne. Nous avons assisté à son application dans un pays où les mines sont nombreuses, et nous avons pu apprécier la simplicité de son mécanisme.

La plupart de nos observations, en effet, ont été faites cette année dans la vallée d'Aran. Nous avons en outre visité une ou deux mines dans la vallée de la Garonne, en France, et quelques autres de l'autre côté du port de Viella.

Nous commencerons donc cette année, sans pouvoir l'achever, l'étude de la vallée d'Aran; nous espérons la terminer l'année prochaine.

VALLÉE D'ARAN.

Lorsqu'on remonte la Garonne vers sa source, en passant par Saint-Béat et Fos, on ne tarde pas à arriver à Pont du Roi, limite de la France et de l'Espagne. Jusque-là, la vallée de Saint-Béat est regardée comme faisant partie de la vallée de la Garonne, quoiqu'à proprement parler elle ne soit que la continuation de la vallée d'Aran. Cette dernière, quoique située sur le versant septentrional des Pyrénées, appartient à l'Espagne, et fait partie de l'importante province de Catalogne.

Elle releva du comté de Comminges jusqu'en 1192, époque à laquelle Alphonse II, roi d'Aragon, se l'appropria, en mariant au comte de Bigorre, Béatrix, sa cousine, héritière du haut Comminges. Depuis ce temps, la vallée d'Aran est aux Espagnols; jusqu'à la fin du siècle dernier, elle resta sous la juridiction ecclésiastique de l'évêque de Comminges.

C'est une des plus remarquables et des plus pittoresques vallées que l'on puisse voir au monde. La plupart de ses villages sont perchés au midi sur les flancs de la montagne, au pied de laquelle passe la Garonne dans une vallée resserrée. A Pont du Roi la vallée se rapproche, ne laissant plus que le passage de la rivière. Un pont est jeté en cet endroit, et c'est par là que les habitants de la vallée d'Aran se rendent habituellement en France. Cette communication leur reste pour ainsi dire seule pendant une partie de l'année; car, quand l'hiver est venu et que la neige recouvre les ports de Viella et de Paillas, les habitants sont presque isolés de leur patrie, et n'ont plus guère de relations qu'avec la France.

La population est nombreuse; chaque année, à l'approche de

l'hiver, elle émigre en France pour aller demander du travail à l'industrie des grandes villes et des chemins de fer. Le climat de la vallée est relativement tempéré; les fruits sont excellents et y viennent à parfaite maturité, mais la vigne n'y croît pas; la température moyenne n'est pas assez élevée.

C'est dans cette vallée que la Garonne prend sa source; les petits ruisseaux forment bien vite des torrents, et, après un court trajet, la rivière commence déjà à charrier des bois que l'on travaille en France. C'est là aussi que se trouve le centre de figure du soulèvement des Pyrénées; les points les plus culminants de la chaîne s'y rencontrent, et ce vaste plateau, qui fournit les eaux de la Garonne et de l'Èbre, semble avoir été aux premiers temps le centre d'éruption des Pyrénées.

Voici quelques hauteurs prises parmi les plus remarquables de cette contrée :

Port de Viella	1,286 toises	(Charpentier).
Étang du Toro	1,034 id.	id.
Pic de Montaulieu	1,488 id.	id.
Pic de Crabère	1,364 id.	id.
Montarto au sud d'Arties	1,509 id.	id.
Portillon de Burbe	644 id.	id.
Viella	452 id.	id.
Saint-Béat,	276 id.	id.
(Pic de Gar près St-Béat 920 mèt.).		
Toulouse (pour comparaison)	73 id.	id.

Les principaux ports ou passages dans la montagne sont ceux de Paillas, de Viella, d'Espot, d'Orqueta, de Caldes, de Riou, et le portillon de Burbe, entre Bagnères de Luchon et Bosost.

ASPECT GÉNÉRAL DES PYRÉNÉES.—GÉOLOGIE.—MINÉRALOGIE.

« La direction générale des Pyrénées, dit de Charpentier dans
» son esquisse géognostique de ces montagnes, est de l'est sud-est
» à l'ouest nord-ouest, faisant un angle d'environ 112° avec le
» méridien. Cependant, quoique cette indication soit exacte en
» elle-même, on prendrait une fausse idée des Pyrénées si l'on
» croyait que cette chaîne s'étende suivant une seule et même
» ligne droite; elle est, au contraire, composée de deux parties ou
» de deux lignes, qui ont, il est vrai, des directions parallèles,
» mais qui ne sont pas le prolongement l'une de l'autre. En effet,
» si l'on divise la chaîne en deux parties, à peu près vers le milieu
» de sa longueur, on remarque que la moitié, située à l'ouest, est
» plus reculée vers le sud d'environ 16,000 toises que la moitié
» située à l'est, de manière que deux lignes tirées l'une sur le
» faîte de la partie occidentale et l'autre sur le faîte de la partie
» orientale, formeraient, par leur prolongement, deux parallèles
» éloignées l'une de l'autre de 16,000 toises (ou d'environ huit
» lieues). Néanmoins, cet arrangement ne cause aucun déchire-
» ment de la chaîne; les montagnes ne présentent aucune inter-
» ruption, et ces deux chaînes, si on peut s'exprimer ainsi, se
» lient ensemble en faisant un coude presque rectangulaire. La
» Garonne, le plus beau fleuve qui sorte des Pyrénées, prend sa
» source dans les montagnes qui lient ces deux chaînes ensemble.
» La chaîne orientale se termine donc à la vallée de la Garonne
» par la montagne de Tentenade; mais le point où les montagnes
» qui servent à réunir ces deux chaînes s'attachent à la chaîne
» orientale se trouve à quelque distance de Tentenade, et est mar-
» qué par un pic très élevé (1,370 toises), nommé le Tuc de
» Mauberme (Tuc de Montaulien). La chaîne occidentale commence
» par les montagnes du port d'Espot, vis-à-vis et au sud du Tuc de
» Mauberme. »

La largeur moyenne de la chaîne des Pyrénées est d'environ
quatre-vingts kilomètres, et sa longueur totale de trois cent cinquante kilomètres environ.

Cette chaîne puissante porte un certain nombre de rameaux dont les uns se dirigent vers le nord et les autres vers le sud, et lui servent en quelque sorte de contreforts. Les montagnes Noires et les Cévennes rattachent d'un côté les Pyrénées aux Alpes; de l'autre, la chaîne principale, au lieu de se terminer au cap Figuier, n'y envoie qu'une ramification, et s'incline au sud-ouest pour aller finir au cap d'Ortegal en Galice.

Des efforts, venant de l'intérieur du globe, ont tourmenté les Pyrénées pendant la plupart des périodes géologiques, et presque toujours ils se sont trahis à la surface en soulevant, à diverses reprises, dans une direction parallèle à la ligne principale, les terrains qui gisaient à ses pieds. C'est ainsi que se sont formés les chaînons parallèles des Pyrénées, complétant ainsi le vaste échiquier où l'action des volcans intérieurs est venue si longtemps étaler sa puissance. A chaque chaînon parallèle correspond une roche particulière, et chacun d'eux peut être regardé comme la preuve d'un nouveau soulèvement, généralement trop faible pour changer quelque chose aux soulèvements passés, et forcé alors d'apparaître sur les flancs de la montagne.

L'abaissement des Pyrénées est beaucoup plus sensible du côté de Perpignan que du côté de Saint-Jean-de-Luz, et la pente méridionale est beaucoup plus rapide que la pente septentrionale. Aussi les vallées sont plus resserrées, plus profondes du côté de l'Espagne que du côté de la France; elles présentent généralement une série d'étranglements et de bassins. L'hypothèse faite déjà par plusieurs géologues que la vallée de la Garonne, par exemple, est une vallée d'érosion, nous paraît probable. Dans les premiers temps, le niveau de son sol se trouvait presque au niveau de la chaîne, et, par suite d'affaissements souterrains et de l'action des eaux découlant des montagnes, il est descendu à la hauteur où nous le trouvons aujourd'hui.

Aux causes mises en avant jusqu'à ce jour pour démontrer ce fait par ceux qui nous ont devancés dans l'étude de ces montagnes, nous ajouterons que la plupart des gisements de minerais semblent complètement d'accord avec cette hypothèse et ne permettent même pas d'en adopter d'autres.

Sans doute d'aussi considérables effets ne se sont pas produits subitement; le plateau sur lequel sont bâtis les villages et qui correspond généralement à un plateau situé à la même hauteur et sur l'autre versant semble nous indiquer en quelque sorte qu'il fut un temps plus ou moins long où le niveau de la vallée montait jusque là ; que pendant un long temps peut-être il y resta stationnaire. Mais à cette première preuve nous pouvons ajouter que la disposition des gisements des minerais indique avec plus de puissance peut-être que ces vallées furent autrefois à un niveau supérieur. Nous citerons à cet effet les vallées d'Arros et d'Artig de Lin : dans l'une comme dans l'autre, les gisements métalliques semblent se croiser au centre de la rivière ; leur puissance en largeur, leur hauteur même au-dessus du niveau de la vallée ne permettent pas de les regarder comme la dernière ramification d'un gisement se raccordant avec la montagne à laquelle ils se rattachent.

Il est un fait qui surprend le voyageur qui parcourt ces montagnes : presque au sommet de la chaîne, à deux mille mètres et plus au-dessus du niveau de la mer, sont des lacs d'eau douce, et très souvent ces lacs abondent en poisson. Il y a là un phénomène bien curieux pour l'histoire naturelle des poissons. La truite, particulièrement, abonde dans ces lacs ; il lui a fallu pour arriver là faire une ascension des plus remarquables dans un courant d'eau souvent bien faible ; mais ce travail a eu sa récompense, car pendant neuf mois de l'année souvent elle peut vivre tranquille, loin des embûches des hommes ; la neige recouvre l'horizon qu'elle habite, et l'accès en est complètement interdit.

Les eaux qui descendent des Pyrénées ainsi que des glaciers sont généralement très limpides ; les unes viennent des sources et sont filtrées par conséquent à travers les terres ; les autres descendent du sommet des plus hautes montagnes, proviennent d'une neige très pure que ne peuvent salir, comme dans les Alpes, les éboulements de terrain venant de tous côtés. Aussi l'aspect des rivières, dont la source se trouve dans les Pyrénées, est-il beaucoup plus gai que celui des torrents qui descendent des Alpes. Ces derniers sont boueux, et leurs eaux jaunâtres charrient les débris argileux de la montagne.

Géologie et Minéralogie.

La roche la plus importante peut-être des Pyrénées, celle qui forme en quelque sorte la clé de voûte de ces montagnes, est le granit.

Il s'y présente sous divers aspects; on peut en distinguer cinq variétés principales toutes visibles dans la vallée de la Garonne :

1° Granit à grains fins;
2° Granit commun;
3° Granit à gros grains;
4° Granit porphyroïde;
5° Granit globuleux.

1° *Granit à grains fins :* C'est une roche principalement feldspathique à coloration grisâtre. Elle résiste assez bien à l'action extérieure de l'eau et des agents atmosphériques. Elle accompagne presque toujours le granit commun.

2° *Granit commun :* Le feldspath y domine comme dans la variété précédente. Il est habituellement gris ou jaunâtre, et souvent coloré en rouge par l'oxyde de fer. La coloration générale de la roche est la même que celle de la précédente; l'éclat, toutefois, semble plus brillant à cause sans doute de la plus grande grosseur des cristaux de quartz. Ce dernier ne s'y présente pas absolument blanc; très souvent il a pris une coloration noirâtre; il est peu translucide. Le mica y change aussi très souvent de couleur : parfois il est presque blanc; d'autres fois il devient presque jaune, et même il passe très souvent au noir, coloration qu'il doit habituellement à la présence d'une quantité assez considérable de fer. Nous avons vu des échantillons de granit où le passage que nous signalons dans la coloration du mica était parfaitement net; cependant, aucun de ces granits ne pouvait être regardé comme injecté dans l'autre. Le talc se rencontre assez rarement dans cette roche. Le granit commun peut être regardé comme le plus ancien de la chaîne; c'est lui qui émergea, quand l'action intérieure lui fit briser l'enveloppe première du globe. Il dut naturellement se faire jour aux endroits les moins résistants; aussi, semble-t-il qu'au contact des schistes quartzeux superposés au terrain cambrien son action fait moins d'effet; au contact des schistes micacés, au contraire, il apparaît toujours complètement à la surface, et non recouvert comme dans le premier cas.

Si l'éruption de ce granit fut le premier mouvement du sol dans la ligne des Pyrénées, il n'apporta pas, comme dans plusieurs autres endroits qui n'ont vu qu'un soulèvement, la tranquillité pour l'avenir. Il ne fut que la préface du grand ouvrage qui a fait les Pyrénées d'aujourd'hui. A une époque un peu plus récente, des fissures se firent dans l'ancien granit, et une roche appartenant à une variété différente de la même espèce vint combler les fissures. C'est alors que parut le granit porphyroïde.

Ce ne fut peut-être pas encore le dernier effort de la nature avant celui qui fit paraître les minerais.

Tout semble marcher d'accord avec l'hypothèse d'une marche progressive et lente soulevant peu à peu la voûte solide du globe. Mais la marche générale fut interrompue de temps à autre par des évènements plus importants qui vinrent troubler le calme apparent de la nature dans son travail.

3° *Granit à gros grains :* Ce granit se rencontre principalement près le village d'Argut (Haute-Garonne), non loin de Saint-Béat. Il est généralement moins fréquent que les précédents, et se trouve presque toujours associé à du granit à petits grains.

4° *Granit à structure porphyroïde :* Sa coloration est grisâtre ou cendrée; les cristaux de quartz qu'on y rencontre appartiennent généralement à la variété *noir de fumée.* La coloration du mica varie du jaune verdâtre au noir; sa structure habituelle est lamellaire. Quant au feldspath, c'est à lui que la roche doit le nom de roche à structure porphyroïde; il s'y trouve en effet en gros cristaux implantés, souvent accolés deux à deux par leurs faces latérales les plus larges. On trouve particulièrement ce granit sur le versant de la Maladetta, et surtout aux environs de cette montagne; il se rencontre aussi non loin du village de Bosost. Souvent les eaux et l'action atmosphérique ont emporté une partie de la roche, laissant seulement en place de gros cristaux de feldspath.

5° *Granit globuleux :* Ce granit se présente sous forme de masses arrondies de diverses grosseurs; généralement chaque morceau se compose de granit à petits grains où le mica est habituellement argentin. Le quartz est un peu coloré en gris, et le feldspath a pris une teinte rougeâtre. Presque toujours le ciment résiste mieux aux actions extérieures que le reste de la masse, et il n'est pas rare de le voir faire saillie sur la roche granitique.

Pendant longtemps le mica palmé a été regardé comme spécial à Bagnères de Luchon. Il est probable cependant qu'on le rencontrera dans une foule d'autres endroits; il y a plus de deux ans nous en trouvâmes de fort beaux échantillons dans l'Ariége, aux environs de Vicdessos, et récemment nous l'avons rencontré près du village espagnol de Bosost, dans la vallée d'Aran.

Les principaux minéraux que l'on rencontre dans le granit sont :

1° L'*Amphibole*. Elle se trouve en petits grains ou en petits cristaux remplaçant souvent le mica. Son abondance dans la roche est du reste très variable.

2° La *Tourmaline*. Les cristaux de tourmaline sont généralement de faibles dimensions; les principaux gisements de ce minéral sont l'Ariége, les environs de Cierp (Haute-Garonne), et la Maladetta.

3° Le *Grenat*. Les environs de Bagnères de Luchon offrent souvent de fort beaux cristaux de grenat.

4° L'*Épidote*. Ce minéral se trouve habituellement sous la forme d'un prisme à quatre faces avec les bords latéraux tronqués et les arêtes abattues. Il est particulier au versant méridional des Pyrénées.

5° La *Páranthine* ou *Wernérite*. Cristaux longs, enlacés les uns dans les autres.

6° La *Prehnite*. Le granit offre habituellement cette roche dans ses fissures. Sa structure habituelle est la structure rayonnée.

7° *Chlorite et Talc*. Les Pyrénées, comme la plupart des terrains abondants en minerais utiles, abondent en chlorite et en talc. Ces minéraux sont disséminés dans la masse totale du granit, et peut-être résultent-ils de l'action de cette roche sur les schistes micacés, si abondants en magnésie, qui lui sont superposés.

8° *Fer oligiste*. Le fer oligiste est assez fréquent dans le granit.

9°, 10°, 11° *Fer sulfuré, Zinc sulfuré, Plomb sulfuré*. Ces trois minéraux datent de la même époque et remplissent certaines fissures du granit. Ils sont généralement accompagnés de quartz. Il est évident qu'ils ont apparu en même temps que les filons et les amas des minerais du même genre.

12° Le *Graphite*. Ce minéral est beaucoup plus rare que les précédents. Comme il existe parfois abondamment au contact ou entre les lamelles de certains schistes de formation neptunienne, il est probable que c'est là que le granit est allé le chercher, lors de son éruption, pour l'empâter dans sa masse, où on le rencontre quelquefois. Nous avons généralement remarqué la présence du graphite au contact du gîte de la Joaquina à Bosost, où il est très abondant.

Ainsi que dans un grand nombre d'autres contrées, le granit a souvent varié dans sa composition élémentaire. Il n'est pas rare de le voir se transformer en pegmatite. Peut-être aussi les terres feldspathiques que l'on rencontre proviennent-elles d'une variation dans les éléments constitutifs du granit. Nous citerons comme gisement remarquable de roches feldspathiques les environs d'Arros, au sortir du village, sur la route d'Aubert, et sur la route de Viella, près le pont d'Arros, sur la rive gauche de la Garonne. Cette roche doit être propre à la fabrication de la porcelaine.

Gneiss. Une roche très fréquente dans la vallée d'Aran est le Gneiss; elle se trouve au contact du granit; très souvent son épaisseur est peu considérable, et elle passe fréquemment aux schistes micacés.

Terrains de transition.

Silurien inférieur.

Schistes micacés. Les schistes micacés succèdent au gneiss dans la série stratigraphique ascendante. Ils sont évidemment de formation antérieure à la roche granitique, au milieu de laquelle on les trouve très souvent empâtés. Ces schistes sont habituellement peu quartzeux; leur abondauce en mica est extrême. Tandis qu'au contact des schistes quartzeux on ne trouve que rarement des minerais, au contact des schistes micacés, au contraire, on les trouve très souvent. Si l'on se demande quelle peut être la cause de ce fait, aucune réponse ne paraît satisfaisante. Peut-être la facilité plus grande de division des schistes micacés a-t-elle favorisé l'arrivée des matières éruptives. Peut-être encore y a-t-il une loi de relation entre la présence de la magnésie et celle de certains minerais. Presque toujours, en effet, sur les hauteurs de Liat, les chapeaux de filons sont formés d'un minerai de fer chloriteux de décomposition facile au contact de l'air.

Quoi qu'il en soit, la relation de présence entre la magnésie et les minerais est un fait prouvé dans les montagnes que nous avons visitées. Sur le versant oriental ce sont des schistes micacés qui accompagnent les minerais, ou bien encore un minerai de fer très chloriteux; sur l'autre versant, ce sont les dolomies qui passent presque toujours alors à l'état cristallin. L'étude générale des montagnes du versant sud fera peut-être pencher notre opinion en faveur de la première hypothèse de la plus grande fissilité des roches. Il est évident, en effet, que sous l'action terrible des évolutions qui agitèrent ces contrées, les roches calcaires suivirent plus difficilement le mouvement général que les schistes argileux que l'on rencontre dans ces montagnes. Les roches dures, telles que les calcaires dolomitiques, durent se briser et livrer ainsi passage aux minerais. Ceux-ci, avant d'arriver à la surface, durent fondre en partie les roches qu'ils traversaient, et c'est ainsi que l'on rencontre la dolomie saccharoïde ou cristallisée au contact des amas et des filons. Quant à la présence de la magnésie dans les roches calcaires, les schistes micacés antérieurs suffisent pour l'expliquer, et la décomposition des granits abondants des montagnes peut suffire peut-être pour expliquer celle de la chaux.

En effet, si nous admettons parfois les causes intérieures comme causes de formation de terrains sur une petite échelle, nous ne pensons pas qu'on puisse leur attribuer les phénomènes généraux de la formation des calcaires autrement que par voie indirecte. Nous préférons avoir recours aux actions chimiques et mécaniques que nous voyons agir continuellement sous nos yeux.

Aussi nous paraît-il avéré aujourd'hui que la formation la plus considérable du globe doit être la formation primitive. Nous n'entendons pas par là les roches plus ou moins travaillées par les eaux, où l'on ne rencontre aucune trace d'êtres organisés, et que les géologues appellent roches cambriennes, en désignant ainsi, sans exception, toutes celles qui se rencontrent au-dessous de l'horizon où commencent à apparaître les fossiles.

Il nous semble, en effet, qu'avant que la vapeur se fût condensée, avant que la surface de la planète fût descendue à une température au plus égale à 100°, une croûte considérable et solide devait

déjà recouvrir la terre. Elle devait se composer en général des matières les plus légères parmi celles qui entrent dans la composition du
globe. Ce furent évidemment presque toujours des silicates sous
diverses formes; on dut y rencontrer de la silice, de l'alumine, de
la magnésie, de la potasse, de la soude, et de la chaux. Une partie
de ces roches forment des oxydes difficilement fusibles, et cette
circonstance dut favoriser la formation de la première enveloppe
de la couche ignée du globe. Puis vinrent certaines roches que
l'on a crues les plus anciennes de formation, lorsque la géologie
était encore à son berceau. De ces roches, la plus répandue fut
le granit, et nous ne doutons pas qu'elle n'ait été pour beaucoup
dans les formations calcaires que l'on rencontre dès les premières
couches siluriennes.

Il est probable même qu'une relation de composition doit exister
entre les matières ordinaires que vomissent les volcans et cette
couche primitive du globe dont nous admettons l'existence. Nous
avons déjà trouvé quelque relation entre la moyenne de diverses
analyses provenant de roches éruptives, laves, basaltes, granits, etc., et la moyenne d'autres analyses faites sur des roches
très anciennes, où la stratification n'était plus visible, et où la vie
organique n'avait laissé aucune trace. Nous avons habituellement
pris cette roche dans les pays à terrains primitifs, au contact du
granit, et souvent à une distance considérable de cette roche.
Plus tard nous espérons compléter cette curieuse étude; elle est
pour nous d'autant plus attrayante qu'elle nous semble assez
logique. Aujourd'hui, en effet, quand un volcan vomit sa lave,
quelle partie de la masse liquide doit-il déverser au dehors? Ce
qu'il y a de plus léger dans cette masse. Autrefois, quand la terre
s'est refroidie, quelle partie de sa masse dut se trouver à sa surface,
se solidifier la première? Encore la partie la moins dense.

Partant de l'hypothèse d'une roche primitive de cette nature, et
admettant dans une certaine mesure l'influence des roches surve-
nues postérieurement lors des révolutions du globe, il nous semble
que la plupart des couches sédimentaires, où ces générations des
divers êtres de la création sont venues se succéder les unes après
les autres, peuvent se déduire de cette couche primitive et résulter
de l'influence des agents extérieurs. On objectera peut-être qu'en
certains endroits, cette couche, la plus ancienne du globe suivant

nous, est très mince; mais nous pourrons répondre que cette couche primitive ne peut être supposée d'égale épaisseur sur tout le globe; que, lorsqu'elles se sont soudées entre elles, les premières taches du globe, pour établir une analogie avec celles du soleil, analogie que nous regardons comme probable, devaient nécessairement se trouver plus épaisses au centre que sur les bords. Et d'ailleurs aujourd'hui, après tant de milliers de siècles employés à l'accomplissement de ces grands travaux de la nature, il n'est personne assez hardi pour supposer partout une égale épaisseur à la croûte solide du globe. Tout porte à croire, au contraire, et les volcans sont là pour appuyer cette assertion, que la couche liquide est plus voisine de la surface en tel lieu de la terre qu'en tel autre.

Ainsi donc, la plupart des couches sédimentaires résulteraient des efforts de la nature pour combler les inégalités de la surface. Après chaque mouvement des couches, les eaux ont dû recommencer leur travail; aujourd'hui encore elles travaillent ainsi : la roche qui se trouve au sommet de la montagne est entraînée dans la vallée, et les pluies entraînent dans les bas fonds tous les débris qu'elles arrachent sur les hauteurs.

Le schiste micacé se rencontre sur presque tous les points de la vallée d'Aran, à Bosost, à Las Bordes, au Portillon de Burbe. On peut admettre plusieurs variétés de cette roche :

1° *Schiste micacé ordinaire.* Il contient peu de quartz, et renferme des cristaux de macle de couleur tirant vers le noir. Ces cristaux sont souvent composés de feuillets pliés et courbés en divers sens.

2° *Schiste micacé quartzeux.* Le quartz, d'un blanc grisâtre, est disposé en grands feuillets ou plutôt en plaques; on le voit souvent alterner avec de minces feuillets de mica en grandes plaques.

3° *Schiste micacé compacte.* Enfin on trouve aux environs de Las Bordes un schiste micacé compacte, renfermant presque toujours des macles.

4° *Schiste argileux ordinaire.* Ce schiste a presque toujours une nuance un peu verdâtre.

5° *Schiste talqueux ordinaire.* Sa coloration est le gris clair; parfois il devient jaunâtre et presque bleu. Il renferme presque toujours des macles. On le rencontre aux environs de Las Bordes, où il est accompagné de macles.

Les minéraux que l'on rencontre habituellement dans ces schistes sont le grenat, à Saint-Mamet, aux environs de Bagnères de Luchon, le graphite, et le fer sulfuré ordinaire. On y trouve encore, au milieu des couches, du calcaire, du quartz, de l'amphibole, du graphyte, de la pyrite martiale, du granit, du grunstein commun (variété de grès), un porphyre à base de grunstein, où les cristaux sont du feldspath. On rencontre dans ce porphyre des grains de quartz et de la pyrite martiale; on y trouve encore, comme à Arros, du feldspath compact. Le feldspath, dans l'endroit précité, est intercalé entre des couches de schistes argileux. Aux environs d'Argut-Dessous (Haute-Garonne), et de là jusqu'au delà de Fos, se développe un système schisteux composé d'une assise ardoisière que l'on exploite; puis vient un schiste, gris avec calcaires et quartz, et souvent avec des masses feldspathiques. Aucune trace d'êtres organisés n'a paru jusqu'à ce jour au milieu de ces couches; elles s'appuient sur une roche éminemment quartzeuse que l'on rencontre au-delà de Fos, avant d'arriver à Pont du Roi. Les assises supérieures de cette dernière sont parfois schisteuses, mais ce schiste est peu fissile, et il est très riche en quartz. C'est à la partie massive de cette roche que nous donnons le nom de terrain cambrien ou roche primitive.

Si nous nous demandons à quelle époque géologique nous devons rapporter toutes ces couches, nous répondrons que les êtres organisés y manquent absolument, et que la paléontologie ne peut nous fournir aucun renseignement. Toutefois, leur stratification semble devoir les classer dans le silurien inférieur; elles ont du reste beaucoup d'analogie.

Les couches de grunstein sont très rares; elles sont loin d'être abondantes comme sur le versant de la Maladetta.

Le schiste micacé est habituellement à la base du système; puis viennent par dessus des schistes variés de décomposition; il est probable que tous ces schistes appartiennent à la même époque; ici, en effet, se seront déposés des sables, ailleurs des argiles, plus loin des mélanges de magnésie et de quartz, où les deux minéraux ont varié en quantité entre des limites plus ou moins rapprochées.

Les couches de la montagne de Liat, dans la vallée d'Aran, appartiennent à cette formation. C'est au milieu de ces schistes plus ou moins calcaires, plus ou moins riches en dolomie, qu'ont apparu les minerais.

Ainsi, dans la vallée d'Aran, les montagnes qui forment la rive droite de la Garonne appartiendraient à cet étage. De l'autre côté de la rivière, aux environs de Las Bordes et d'Arros, se rencontre aussi le même étage, tandis que plus au nord, du côté de la Maladetta, apparaît le silurien supérieur.

Silurien supérieur.

Cet étage se rencontre du côté de la Maladetta.

Près de Bagnères de Luchon, les schistes du silurien inférieur disparaissent non loin de la tour de Castel-Vieil, sur la rive droite de la Pique. En allant au port de Venasque, on rencontre bien vite les schistes carburés du silurien supérieur; ils occupent presque tout ce côté de la vallée, et dépassent même l'hospice, tandis que le silurien inférieur constitue le versant gauche. Ainsi, lorsqu'on a franchi la rivière, le silurien inférieur reparaît-il composé de schistes ardoisiers, feuilletés d'abord, puis de plus en plus compacts. Mais lorsqu'on a dépassé la frontière, on ne tarde pas à retrouver les schistes carburés; puis ces schistes se montrent en abondance sur le versant aragonais, du côté de la Maladetta. Nous les avons vus, sur la route qui va de Vilailler à Castaneza, offrir une épaisseur de plusieurs centaines de mètres. Ces schistes renferment de nombreuses bandes calcaires et de dolomies; ils dominent les environs de Viella, d'Escuñau, d'Arties.

En allant au port de Viella, à peu de distance de la ville de ce nom, on voit une superposition très nette des deux étages supérieur et inférieur de l'époque silurienne. Les fossiles de ce terrain ne sont pas rares aux environs de Venasque; pour nous, nous avons trouvé seulement un fragment de tige d'encrine dans la montagne de Castaneza. Du côté de Viella, d'Arties, où les minerais abondent, ainsi que sur le versant méridional, et particulièrement sur les bords de la Rigoborzana, toutes les roches de cette époque, qui forment le sommet de la montagne, sont dolomitiques, et renferment plusieurs gisements de pyrite cuivreuse et de galène argentifère. Généralement ces montagnes ont une végétation peu abondante, car la présence de la magnésie est une cause de destruction. La partie inférieure de cet étage silurien se compose de schistes argileux plus ou moins verdâtres, de schistes ardoisés, micacés, terreux, entremêlés souvent de calcaires, de granwackes, et de couches schisteuses souvent très chargées de silice. Il arrive souvent que les couches sableuses, telles que les grunsteins, renferment des grains de fer oxydulé, de blende et de galène. Ils se montrent ainsi postérieurs à l'apparition de la galène et de la blende, que l'on rencontre dans le silurien inférieur.

En face du village espagnol de Lès, dans la vallée d'Aran, on rencontre un étage de schistes carburés sur le territoire de la commune de Bausens. Au milieu de ces schistes est un dépôt de minerai de fer très abondant. Non loin de là, au haut de la vallée, sur la frontière, et presque en face de Cierp, on trouve les plaques du grès rouge pyrénéen.

Le silurien supérieur se montre aussi près d'Argut, et de là, il plonge vers Marignac. En 1862, lors de son voyage dans le sud du département de la Haute-Garonne, la Société Géologique de France fit une excursion du côté de Saint-Béat; elle pénétra dans le vallon de Marignac, et là, en face les Pales de Burat, M. E. Hébert, professeur de géologie à la Faculté des Sciences de Paris, rencontra un orthis; on trouva aussi plusieurs orthocères, les unes lisses, les autres cannelées transversalement, ainsi que la Cardiola interrupta de Goldfuss.

MM. Saint-Martin et Fourcade, de Luchon, avaient déjà trouvé en cet endroit de beaux morceaux de scyphocrinites, divers mollusques univalves et bivalves, ainsi que plusieurs polypiers.

Étage devonien.

Une couche devonienne à l'état de marbre était exploitée, il y a quelques années, aux environs d'Argut; on trouva dans cette carrière des goniatites parfaitement caractéristiques. De cet endroit, le calcaire devonien, accompagné du grès rouge qui le recouvre, passe de l'autre côté de la vallée, se dirigeant vers Marignac. Il passe ensuite la vallée de la Pique, et se montre, près de Cierp, sous l'apparence de magnifiques griottes. Ces roches rubannées,

que l'on voit près de Cierp, sont, dit M. Leymerie, professeur de
géologie à la Faculté des Sciences de Toulouse, une série de couches
d'argilolithe de couleur verte ou rouge de sang. Cette assise est
associée à des calcaires colorés en gris clair et en jaune avec des
teintes vertes et roses. On trouve là aussi des calschistes bréchi-
formes, passant à une brèche versicolore, à laquelle nous appli-
querons l'épithète de *fleurie,* qui rappelle ses vives et agréables
couleurs.

Terrains secondaires.

Grès rouge et poudingue quartzeux.

Cet étage se rencontre au village français de Lez. Il se compose
d'un psammite argilo-schisteux à coloration rougeâtre et très pro-
noncée, et d'un poudingue que constituent des cailloux blancs
quartzeux cimentés par du grès rouge argileux. Presque partout il
accompagne le calcaire devonien dont nous venons de parler. Nous
l'avons rencontré, seul il est vrai, sur le territoire du village
espagnol de Bausens, non loin de Cierp; mais l'heure avancée à
laquelle nous nous trouvions sur la montagne ne nous permit pas
de pousser plus loin nos recherches, et il est probable que nous
l'eussions trouvé, comme partout, au contact du calcaire devonien.
Il n'est pas rare de rencontrer dans le grès rouge des minerais de
fer et de cuivre, ainsi que de la baryte sulfatée.

Ophite.

Aux environs de Saint-Béat, près du village de Lez, on rencontre
l'ophite à la séparation du grès rouge et du calcaire jurassique
marmorisé. La roche est une diorite à petites parties d'amphibole
lamelleuse verte avec des points d'un blanc verdâtre. Ces points
sont évidemment des taches feldspathiques. Au voisinage de cette
roche éruptive, le calcaire jurassique présente en plusieurs endroits
de nombreux prismes de couzeranite, où souvent l'empreinte
seule est restée. L'ophite a souvent été indiquée sous le nom de
grunstein grenu. Il est rare que son grain soit gros; parfois l'amphibole qui entre dans sa composition prend un éclat vitreux et
même un peu gras. La plupart du temps le feldspath n'existe dans

l'ophite qu'en petite quantité; il semble en quelque sorte destiné à relier entre elles les parties amphiboliques. Lorsqu'on vient de détacher avec le marteau un fragment d'ophite, il est souvent difficile de distinguer les parties feldspathiques et l'amphibole; quand la décomposition a commencé, la distinction est beaucoup plus facile. Dans certaines variétés d'ophyte, la quantité de feldspath est beaucoup plus abondante que dans celle de Lez; il arrive même parfois qu'elle domine sur l'amphibole.

On trouve certaine variété d'ophyte absolument compacte; c'est alors un mélange intime de feldspath et d'amphibole.

Les minerais que l'on rencontre dans l'ophite sont les suivants : le fer oligiste, le fer sulfuré, et le cuivre pyriteux; on y trouve réuni très souvent du mica et du talc, ainsi que de l'asbeste, de l'épidote très facile à reconnaître à sa nuance franchement verte qui tranche sur le reste de la masse, de la stilbite, de la prehnite, et du quartz. A la décomposition, l'ophite blanchit très vite, l'amphibole jaunit; et la roche se couvre de taches de rouille. La roche ne tarde pas à perdre de sa dureté et à se convertir en une masse ocracée. Les taches de rouille sont dues à la présence du fer oxydulé et du fer oligiste.

L'ophite compacte et l'ophite grenue se présentent souvent en masses globuleuses, presque sphéroïdales, liées entre elles par de l'ophite plus ou moins décomposée. La surface de séparation est habituellement recouverte d'une mince couche d'oxyde de fer. A cause de la présence du fer oxydulé et du fer oligiste, l'ophite agit sensiblement sur le barreau aimanté, mais elle ne présente pas de polarité; elle ne renferme ni couches étrangères, ni fossiles, ni dépôts métalliques. Sa composition a assez de ressemblance avec celle du grunstein. Mais un des faits les plus remarquables de l'histoire de cette roche est celui de sa relation avec certains dépôts de gypse, d'argile et de sel gemme. En général, le gypse est subordonné à l'argile, et celle-ci à un calcaire ferrugineux, blanc sale, jaunâtre ou rougeâtre, rarement d'un gris cendré. Ce calcaire renferme des paillettes de mica, des grains de sable quartzeux, ainsi que de l'oxyde et de l'hydrate de fer. Partout où jusqu'à ce jour on a trouvé le gypse et le calcaire ferrugineux, on a trouvé aussi l'ophite. Cette relation avec les dépôts gypseux a fait longtemps supposer à l'ophite une origine sédimentaire; aujourd'hui encore l'origine éruptive de l'ophite est encore chose à discuter. Nous ne pouvons, quant à nous, formuler dès aujourd'hui une opinion; car nous n'avons pas encore assez vu de ces masses ophitiques. Il est très rare que l'ophite se rencontre au sommet des montagnes; presque toujours il se trouve dans la vallée, à son origine ou à son milieu; il forme des monticules arrondis et sans aucune arête vive, comme s'il s'était formé au sein des eaux aux dépens des roches préexistantes dans la montagne.

Calcaire jurassique.

D'après l'illustre et savant M. Cordier, inspecteur général des mines, que la science eut le malheur de perdre il y a quelque temps dans un âge déjà fort avancé, le sol de la Catalogne est presque entièrement formé de calcaire jurassique. Ce calcaire fait le tour des massifs du port de Viella, et se présente habituellement sous plusieurs aspects : tantôt il est sablonneux, tantôt il est argileux; parfois même il est absolument compacte. C'est le dernier étage géologique que nous rencontrons dans les vallées de Saint-Béat et d'Aran. Près de Saint-Béat il se présente sous une forme saccharoïde; sa couleur est blanche ou grise. On remarque souvent au milieu du calcaire marmoréen des veines d'une matière d'un vert foncé qui rappelle l'ophite, des pyrites, des mouches de soufre, des lamelles de mica et de talc. On trouve à l'intérieur de ce marbre de la pyrite sous forme de beaux cristaux hexadiédriques isolés dans la masse; souvent l'axe principal a plusieurs centimètres. Ce marbre, du reste, si cristallin et si pur en apparence, laisse néanmoins dégager sous le marteau une odeur fétide qui semblerait indiquer la présence d'une matière organique décomposée.

Il existe au fond de la vallée d'Artics, sur un plateau qui recouvre la montagne, un terrain composé de sables, de marnes et d'argiles renfermant plusieurs couches de lignites. Nous n'avons pu encore aller jusque là; ce sera pour nous, l'année prochaine, le sujet d'une sérieuse étude, surtout si nous parvenons à déterminer l'âge de ces assises. Il serait curieux, en effet, de voir une série de roches de l'époque tertiaire isolées au milieu de montagnes appartenant à une époque antérieure. Peut-être y aura-t-il en cet endroit un gisement particulier, une faune spéciale à ces contrées; peut-être aussi pourrons-nous trouver un rapport entre ces couches, qui semblent, dit-on, quant à leur description, appartenir à une époque plus récente, et des couches voisine de la même époque, inconnues jusqu'à ce jour dans ces parages.

Il ne nous reste plus qu'à dire quelques mots sur le terrain d'alluvion de la vallée. Il se compose, comme partout ailleurs, de roches roulées de la montagne ou descendues, par la puissance, des eaux du haut de la vallée. Il est habituellement très fertile, et fournit d'excellents paturages.

Nous avons passé une revue rapide sur la géologie de cette remarquable contrée. Dans un an, nos études seront plus complètes, et nous nous efforcerons d'ajouter à la fin de notre seconde livraison une carte géologique de la vallée accompagnée d'une note explicative plus détaillée que celle que nous pouvons offrir aujourd'hui.

Eaux thermales.

Les eaux thermales, si abondantes dans les Pyrénées, le sont surtout dans la vallée d'Aran. Quoique l'industrie ne soit pour ainsi dire pas encore née dans ce pays, deux établissements thermaux reçoivent chaque année la visite d'un certain nombre de malades. Le premier se trouve pour ainsi dire à l'entrée de la vallée d'Aran, au village espagnol de Lez. Les eaux sortent, comme partout, au contact du granit et du gneiss. Des fouilles mal faites et mal soignées ont été pratiquées pour amener les eaux à l'établissement thermal; elles y arrivent à une température de 29° ou 30°. Ces eaux sont sulfureuses, mais à un degré moins considérable que celles de Bagnères de Luchon et d'Arties, dont nous parlerons bientôt; elles sont par conséquent beaucoup plus faciles à digérer pour les personnes délicates.

Au delà de Viella, à une lieue environ de cette ville, se trouve un second établissement thermal : l'établissement d'Arties. Ici les eaux sont beaucoup plus sulfureuses qu'à Lez, et leur température est beaucoup plus élevée. Les habitants sont convaincus, au reste, que la montagne, près de laquelle s'abrite l'établissement thermal, couvait naguère encore un feu souterrain. L'un deux nous a affirmé qu'il y a vingt ans environ, un jour d'orage, la crête de la montagne parut tout en feu; quelque temps après, un certain nombre de curieux y montèrent, et en rapportèrent des scories. Quant à nous, nous sommes convaincus qu'il n'y a là qu'une erreur; ces scories étaient sans doute des pierres à demi fondues par le passage du courant électrique attiré par les nuages, et la crête lumineuse, qui ressemblait à un volcan, n'était évidemment que l'étincelle électrique s'allumant entre le nuage et la montagne.

Ce sont là les deux seuls établissements thermaux de la vallée d'Aran. Les sources sulfureuses et thermales sont du reste assez abondantes. Il y en a en particulier dans la vallée d'Arros, et nous pouvons même affirmer qu'il en existe dans presque toutes les vallées.

Certaines eaux, sortant des roches calcaires, se montrent parfois de nature opposée aux premières. Ainsi, près de la .mine la Joaquina, à Bosost, se trouve une eau excellente qui facilite puissamment la digestion. Ailleurs, dans le village de Bausens, une source abondante et très ferrugineuse sort de la mine de fer appartenant à M. Manuël Forcada. Les habitants vont parfois jusqu'en cet endroit chercher de l'eau, car elle est salutaire dans un certain nombre de maladies.

VALLÉES DE SAINT-BÉAT ET D'ARAN.

Étude générale sur les mines de ces vallées. — Formation des minerais. — Nature des gisements.

Les auteurs anciens disent peu de chose des mines de la vallée d'Aran. Malus père signale les gisements d'Argut et de Mêles (Haute-Garonne). Palassou a parlé des premiers : « On prétend, dit-il, » qu'il y a une mine de plomb tenant argent, près du village » d'Argut, dans la vallée d'Aran. » Il signale, en outre, quelques carrières avec fours à chaux aux environs de Viella, sur la rive gauche de la Garonne.

Dans l'ouvrage publié en 1786 par le baron de Dietrich, de l'Académie royale des Sciences, on trouve seulement quelques lignes sur la vallée d'Aran : « Sur les confins de la vallée d'Aran, » dans le territoire du village d'Artigues-Alichan, dit ce savant, » sont plusieurs veines de mine de cuivre, sur l'une desquelles est » placée la maison du paysan nommé Titbuers. Ces filons ont été » découverts dans la vallée d'Aran, en Espagne, dans le territoire » de Bausens, à l'endroit nommé *Alta Banavera,* à la montagne » de la Place. Les Espagnols y ont creusé un puits; les véritables » filons sont à 150 toises de ce puits; la neige couvrait cette mon- » tagne lors de mon passage. Les échantillons provenant de cette » mine, qui m'ont été remis par les gens du pays, consistent en » mine de cuivre pyriteux jaune mêlée de beaucoup d'ocre, prise » au jour à la tête de ces filons. »

Cette année, le même fait nous a été raconté; cette mine existe entre le village espagnol de Bausens et le village français d'Artigues situé dans la vallée de Bagnères de Luchon.

M. de Charpentier, en 1823, n'a rien dit des mines de la vallée d'Aran.

Les géographes semblent avoir aussi presque oublié ou du moins négligé la vallée d'Aran. Toutes les cartes que nous avons examinées sont défectueuses ; aucune n'indique le puissant massif de Liat, qui est cependant si voisin de la France. La moins incomplète de toutes ces cartes, aujourd'hui encore, est celle de Lopez.

Sur les deux rives de la Garonne, ainsi que nous l'avons vu dans l'esquisse géognostique que nous avons tracée de la vallée d'Aran, s'élèvent, dominant la vallée et les alentours, deux montagnes dont les points culminants n'ont pas surgi à la même époque. Autrefois un vaste plateau réunissait ces crêtes ; aujourd'hui une vallée profonde s'est creusée, des torrents roulent leurs flots impétueux au travers des débris de la montagne. Souvent des deux côtés le terrain est le même, parce que la crevasse n'a pas suivi la ligne d'intersection des deux formations ; mais quand on s'approche de la Maladetta vers le sud, ou quand on se dirige vers le nord du côté du plateau de Liat, on voit une différence considérable dans la nature des roches. qui composent ces montagnes. Il semble aussi, pour la vallée d'Aran du moins, que les deux montagnes diffèrent par la qualité de leurs minerais : ainsi le cuivre se montre plus souvent du côté de la Maladetta que du côté de Liat. De ce côté, en effet, il n'a guère été signalé qu'à la Joaquina, à Bosost, au fond du ravin, près la fonderie de Saint-Jean, et aux environs de Salardu ; la galène et la blende sont les minéraux les plus abondants de la rive droite de la Garonne. La richesse moyenne en argent des minerais de galène approche de deux kilogrammes à la tonne de plomb d'œuvre. Parfois, dans un même gisement, on trouvera une teneur inférieure à un kilogramme, et à quelques pas la teneur dépassera trois kilogrammes. En résumé, la galène de ces contrées peut être regardée comme riche en argent.

Nature des gisements.

Aux environs de la vallée d'Aran, tous les gisements, surtout ceux de la rive droite, semblent appartenir à la catégorie des amas. Le quartz et le calcaire forment la gangue habituelle des minerais ; la dolomie est fréquente, et très souvent elle se montre au contact des gisements à l'état saccharoïde ou même en cristaux rhomboédriques.

En théorie, à chaque amas devra correspondre un filon commun sans doute à plusieurs gîtes; par conséquent, des recherches
habilement dirigées devront atteindre ce filon. Aujourd'hui, il est
vrai, aucun filon n'a été complètement mis à découvert sur le versant nord des Pyrénées, mais la cause en est bien simple : la
plupart des gisements viennent d'être découverts, et les recherches
entreprises ont été dirigées sur les amas eux-mêmes pour étudier
leur puissance et non pour chercher leurs filons.

La forme de ces amas est généralement variable; cependant un
grand nombre se terminent inférieurement en pointe, et leur section, par un plan vertical, ressemble assez à un triangle dont la
base serait voisine de la surface du sol; c'est du reste toujours une
fente qui s'est remplie par suite du déversement du minerai en
dehors du filon. Il arrive parfois que le minerai semble s'être glissé
entre les couches, et, dans ce cas, leur semble parallèle. On s'est
demandé souvent si ces couches n'auraient pas été formées en
même temps que les couches sédimentaires au milieu desquelles
elles reposent; quant à nous, nous sommes partisan de l'injection
des minerais postérieurement à la formation des couches elles-
mêmes. Cette invasion des fentes par des produits minéralogiques
aurait eu lieu, pour ainsi dire, en même temps que le soulèvement
de la montagne; le minerai se serait précipité, sous forme de lave,
partout où il aurait trouvé passage.

Si on admettait la formation des minerais antérieure au soulèvement de la montagne et contemporaine des couches sédimentaires au milieu desquelles on les rencontre, de même origine
qu'elles, on ne rencontrerait pas cette sorte de parallélisme qui
existe dans la direction des amas. Ceux-ci, en effet, semblent
presque toujours disposés par rapport à la crête de la montagne,
et par rapport sans doute à la direction des filons, comme la barbe
d'une plume par rapport à la tige qui la supporte. Toutefois, il ne
s'ensuit pas que les amas ne soient point souvent perpendiculaires
à leur filon, mais ils sont loin en même temps d'affecter cette
disposition comme générale. Il est rare cependant qu'ils s'éloignent
de plus de 20° ou 25° de cette verticale.

De plus, il serait singulier que les amas fussent en relation, comme ils le sont habituellement, du reste, avec les exhaussements du sol ; car, si la montagne s'était soulevée après la formation de ces minerais, on verrait les amas courir comme des écharpes le long d'une même montagne, passant d'un monticule à l'autre à travers le ravin qui séparerait les deux éminences sans rien perdre de leur continuité, et ils n'auraient jamais avec la montagne elle-même la relation de direction que l'on constate à chaque instant. Toutes les capes, du reste, n'auraient pas l'avantage de montrer un affleurement et des indices tels qu'on doit les suivre vers la montagne. Un certain nombre d'affleurements montreraient la cape se dirigeant en bas vers le fond de la vallée, et non vers la montagne, où le minerai n'existerait pas.

Parfois il arrive qu'en creusant assez profondément le sol jusqu'au sommet du triangle, on voit l'amas, qui diminuait insensiblement en se transformant en coin de plus en plus faible, se continuer en remplissant une petite crevasse verticale excessivement mince. Cette crevasse peut ne pas être continue en profondeur, être en quelque sorte inclinée en direction sur un plan vertical passant par le filon principal et l'accompagnant dans sa direction, et constituer ainsi ce que nous appellerons une sorte de lien entre l'amas et le filon. Il se peut aussi que cette fente s'agrandisse en descendant, et constitue ainsi un véritable filon.

Il existe certains gisements où la nature sédimentaire des pyrites de fer, de la blende et de la galène semble probable au premier abord. Ainsi, sur les bords de la Meuse, on trouve des boules de minerai fort curieuses. On verra par exemple une masse concrétionnée se composer de couches successives de galène, de blendes de diverses couleurs, et de pyrite de fer formant parfois le noyau. Mais au lieu de supposer que la pyrite de fer s'est condensée la première, que la blende est venue se serrer autour et la galène ensuite, il nous semble plus rationnel d'admettre que ces matières, en sortant du sein de la terre, ont apparu dans un milieu de nature boueuse ; elles ont été forcées de se condenser ; la partie la plus prompte à se solidifier aura formé la croûte de ce globe concrétionné, puis, peu à peu, le reste des matières, un instant liquide encore, est venu se superposer à l'intérieur, en couches sur la première croûte ; c'est ainsi, pour nous, qu'a dû s'opérer cette solidification. La nature, du reste, a pu fondre, sous de puissantes pressions que nous ne pouvons peut-être atteindre, du moins aujourd'hui et sous lesquelles, lors même que leur création nous serait possible, nous ne savons pas encore travailler, des matières qui se décomposent dans nos opérations métallurgiques.

Dans l'amas comme dans le filon, les matières les plus légères ont dû se porter à la surface; c'est ainsi que le quartz et la dolomie ont accompagné les minerais, et se montrent souvent à la surface des filons. Peut-être le quartz que l'on rencontre, et qui forme si souvent la gangue des dépôts métalliques, est-il simplement résulté de l'action des matières éruptives traversant les couches les plus anciennes et généralement plus siliceuses du globe. Peut-être aussi est-il venu de plus loin. Quant à la dolomie, les deux hypothèses encore sont permises; mais, dans l'un comme dans l'autre cas, nous ne saurions dissimuler notre penchant vers la première.

Telle est pour nous aujourd'hui l'histoire générale de la formation des gisements métalliques que nous avons visités. Si quelques particularités se présentent lors de la description des gîtes, nous nous hâterons de les signaler, espérant qu'ils pourront peut-être contribuer à l'avancement des études géogéniques. Sans doute l'histoire de la formation des roches, quelle que soit leur origine éruptive ou sédimentaire, laisse le champ libre à diverses hypothèses; c'est à la science géologique, aujourd'hui surtout que les matériaux commencent à abonder, à appeler à son secours les autres sciences, et à les inviter à lui venir en aide pour bâtir. C'est à cette condition seule qu'elle ne s'isolera pas, qu'elle pourra, avec tous les débris apportés à pied-d'œuvre, mais malheureusement bien diffus encore, édifier l'histoire passée de notre globe d'abord, et peut-être un jour, par comparaison, du système du monde.

DESCRIPTION DES GISEMENTS MÉTALLIQUES.

FRANCE.

Vallée de la Garonne ou de Saint-Béat.

Outre les carrières de marbre de Saint-Béat, exploitées pour la construction, la statuaire et la fabrication de la chaux, il existe dans la vallée de la Garonne deux ou trois autres carrières exploitées ou abandonnées. L'une d'elles se rencontre sur le chemin de Boutz, et l'autre, appartenant, comme nous l'avons dit ci-dessus, à l'étage devonien, et renfermant des goniatites caractéristiques, se montre au-dessus du village d'Argut, non loin d'une mine fort remarquable de manganèse.

Mines d'Argut-Manganèse. — La variété de manganèse que l'on y rencontre est la pyrolusite. C'est, de tous les minerais de manganèse, le plus important, à cause de la quantité d'oxygène qu'il peut dégager. Il est d'un usage fréquent dans la chimie industrielle et dans les laboratoires; aussi se vend-il à un prix relativement élevé. La pyrolusite cristallisée se rencontre en abondance à la mine d'Argut. Elle se présente la plupart du temps en masses bacillaires; on y trouve aussi des masses fibreuses radiées, des stalactites. Cette première qualité est accompagnée de trois autres de moindre importance, mais encore assez riches; la seconde variété se montre sous forme de masses amorphes, avec éclat métallique; enfin, la troisième et la quatrième qualité sont beaucoup plus ternes et plus impures.

La pyrolusite cristallisée d'Argut se rapproche beaucoup, par sa composition, de la pyrolusite du Devonshire.

Comme en Angleterre et au Hartz, le minerai occupe une bande peu épaisse à la séparation des terrains anciens et des terrains secondaires. Il se présente toujours en amas irréguliers, sans direction constante; il tapisse des fentes pratiquées tantôt dans le sens de la stratification, tantôt dans le sens transversal. Alors, suivant les circonstances de formation, le minerai forme des rognons, des masses botryoïdes, des stalactites, ou des masses amorphes et même compactes. Contrairement à l'opinion de notre savant confrère M. Delanoue, de la Société Géologique de France, nous sommes convaincus que le minerai s'est répandu, dans toutes ces fissures du sol, après la formation de la roche. Il y a là du reste, pour nous, une analogie frappante entre la formation de ce minerai de manganèse, et celle des amas de galène et de blende que l'on rencontre dans cette partie des Pyrénées.

A Argut, le minerai de manganèse est très abondant; il remplit toutes les fissures et les crevasses qui se rencontrent dans la montagne qui domine le village, et il y a là un vaste champ d'exploitation.

Mines de blende et de galène d'Argut.

De toutes les mines que nous avons visitées dans l'année, ce sont celles qui ont été le plus travaillées. On rencontre en effet des galeries déjà profondes, des chambres assez grandes à l'extrémité de ces galeries, un puits de communication et une galerie d'écoulement. On voit à l'entrée de la mine, au bord du ruisseau, les traces d'un bocard aujourd'hui disparu. Le minerai que nous avons vu sur le carreau de la mine est un mélange assez intime de blende et de galène. La richesse de la galène en argent est d'environ six ou sept cents grammes à la tonne de plomb d'œuvre.

De l'autre côté du ruisseau et dans la même direction se trouvent d'autres galeries. Il semble que, de ce côté, la galène est plus abondante que de l'autre. Il est possible de séparer en partie, par le cassage et le triage, les deux minéraux mélangés. La richesse du minerai brut en zinc et en plomb varie considérablement. Généralement, la teneur en zinc ne descend pas au-dessous de 20 0/0. Habituellement, elle est plus considérable; elle atteint même parfois 55 0/0.

Les conditions économiques semblent favorables pour ces deux mines.

Il ne faut pas croire que ces gisements sont isolés dans la vallée de Saint-Béat. La galène et la blende se retrouvent effectivement sur la rive gauche de la rivière, et nous ne serions pas surpris qu'on y trouvât un jour du manganèse.

Ce sont les seules mines, dont nous parlerons aujourd'hui, du côté de la France. Nous n'avons vu en effet en ce moment, ni les gisements de Ger et de Mêles, ni ceux d'Esteños. Aux environs de Bagnères-de-Luchon nous visitâmes, il y a quelque temps déjà, une ou deux fouilles, l'une située à Barcugnas, et l'autre non loin du village de Montauban. Cette dernière fouille était plus considérable que la première, et avait une dizaine de mètres d'enfoncement; on y trouvait un minerai de nickel et de cobalt, accompagné de pyrite de fer cristallisée.

A Barcugnas, la fouille est beaucoup moins profonde. Le minerai est encore de la pyrite de fer, renfermant 1 0/0 environ de nickel et cobalt. Nous ne serions pas surpris de voir l'enrichissement augmenter en profondeur.· Les gisements ont la même direction que les gisements nickelifères dont nous parlerons plus tard, et que l'on rencontre dans la vallée d'Aran. Il n'est pas rare du reste de rencontrer, comme chapeau de filon, une pyrite de fer renfermant des traces assez considérables de nickel, et on est souvent surpris de trouver en profondeur du cuivre pyriteux ou de la galène argentifère.

ESPAGNE.

Vallée d'Aran.

Nous commencerons par faire la description des gîtes minéraux que l'on rencontre sur la rive droite de la Garonne; ils appartiennent du reste au terrain le plus ancien. De plus, il y a entre eux beaucoup plus d'analogie qu'entre les gisements de la rive gauche.

Vallées secondaires.

Vallée de la Margarida, près Bosost. — Joaquina.

La première mine dont nous aurons à parler est la Joaquina, située sur le territoire de Bosost, à environ sept cents mètres d'altitude au-dessus du village.

Elle fut demandée en concession pour la première fois, il y a vingt ans environ, par D.-M. Forcada père de Lès et D. Miguel Paba, curé du village de Bosost; elle portait le nom de *Bosostu*. Le gouverneur militaire de la vallée, D. Ignacio Fabian de la Puente, s'adjoignit à eux. Il n'y eut d'autre travail de fait que

celui prescrit par la loi. Plus tard, en 1847, ces messieurs, qui
furent les premiers à avoir confiance dans les mines de la vallée,
se transportèrent sur le plateau de Liat en compagnie de deux
ingénieurs, l'un français et l'autre espagnol. Ce dernier se nom-
mait D. Lucas de Adama. Plusieurs mines furent dénoncées.
Malheureusement, le principal moteur de toutes ces entreprises
vint à manquer. Le gouverneur devint malade; il dut quitter la
vallée d'Aran pour rentrer dans sa famille, où il ne tarda pas à
mourir. Mais l'impulsion qu'il avait donnée devait porter ses
fruits. Une Société, composée de quarante personnes du pays,
s'organisa pour l'exploitation de la mine Bososta. Le Président de
la Société fut le receveur des douanes de Bosost, et le vice-Prési-
dent, D. Antonio Demiguel de Viella, aujourd'hui alcade de Viella,
et qui a eu la bonté de nous communiquer ces précieux renseignements. Malheureusement, l'enthousiasme ne suffit pas pour exploiter les mines, et la Société ne tarda pas à se dissoudre.

La mine revint aux mains de MM. Forcada père et de son fils,
D. Manuel Forcada, sous le nom de *Joaquina*. Ces derniers
maîtres la vendirent à des Français. Alors commencèrent sur cette
mine de plus importants travaux. Un bocard, avec établissement
pour la préparation mécanique, fut projeté à Cledès; une route fut
faite pour relier la mine aux ateliers de préparation mécanique, et
une coulée fut installée pour descendre le minerai de la partie
supérieure de la mine au plateau où l'on devait charger les char-
rettes. Une grande quantité de minerai fut tirée d'une large excavation pratiquée dans l'amas. Environ mille à douze cents
tonnes d'un mélange de blende et de galène furent extraites, et
quelques tonnes d'essais furent vendues à un prix rémunérateur.
La laverie fonctionna quelque temps; mais elle dut s'arrêter : ce
n'était en effet qu'une installation provisoire. Elle doit être pro-
chainement remplacée par une laverie plus rapprochée du village
de Bosost ou de la mine elle-même.

Le gisement est un amas de quinze à seize mètres de large au
milieu de schistes et de calcaires dolomitiques. Le quartz accompagne habituellement le minerai. On y rencontre de la galène et
de la blende intimement mélangées et en toutes proportions, ainsi
que des blocs entiers de galène très pure. La blende elle-même s'y
trouve sous deux variétés : l'une très riche, de 56 0/0 de teneur

environ, est noire; l'autre, d'une teneur inférieure, offre une coloration rougeâtre. On y rencontre une grande quantité de minerai à bocarder, d'une teneur de 25 0/0 environ. La galène contient assez d'argent; on peut compter sur une moyenne de 1,800 grammes à la tonne de plomb d'œuvre. Le gisement est reconnu et étudié sur une longueur d'une centaine de mètres environ. L'excavation, faite aujourd'hui à ciel ouvert, a une quinzaine de mètres de développement en longueur et une dizaine en largeur. Une galerie a été commencée vers le milieu, afin de déterminer l'épaisseur du gîte; elle a donné de très beaux résultats; sa profondeur est de quelques mètres. Quelques logements à l'usage des ouvriers sont situés près de la mine. Les travaux de recherches sont malheureusement encore insuffisants; le percement de quelques galeries est encore indispensable pour les compléter.

Magdalena. — Dénoncée le 30 juillet 1864, par D. Rafaël Adema, notaire à Viella. — Au-dessus de la Joaquina, dans la même direction et dans le même gisement, se trouve une seconde concession plus étendue que la première; mais ici aucun travail, autre que le travail légal, n'a été entrepris. La richesse remarquable de la mine, son immense largeur, tout invite à faire sur la Magdalena de sérieuses recherches.

La direction de ces gisements est S.-E., N.-O.

A deux cents mètres en contre-bas de la Joaquina on a signalé un filon de pyrite de fer. Une fouille a été faite sur le bord du chemin. Il serait à désirer que l'on étudiât davantage ces puissants indices. La direction est perpendiculaire à celle du gîte principal ou de la Joaquina.

De l'autre côté, ou sur la rive gauche de la Margarida, on a signalé la galène en deux endroits; l'un d'eux se trouve assez rapproché du village même de Bosost. Ce dernier est un filon quartzeux avec pyrite de fer renfermant du nickel; quelques indices de galène se sont présentés ensuite.

Plus haut, dans une direction identique ou parallèle, on a encore signalé la galène.

Conditions économiques. — La situation générale de ces gisements est relativement bonne. La Joaquina, la Magdalena, ainsi que le filon de pyrite de fer, reçoivent les rayons du soleil avant qu'il ne soit au milieu de sa course; aussi, quand les ouvriers seront en galerie, ils pourront travailler toute l'année. Quant aux derniers indices, qui méritent certainement quelques recherches, ils sont situés à peu de distance du village, et, à moins que l'hiver ne soit très rigoureux, la neige n'y reste que peu de temps; aussi, si le résultat de recherches sérieuses leur était favorable, pourrait-on affirmer à plus forte raison que, pour les premiers, que si l'exploitation à ciel ouvert est possible pendant presque toute l'année, l'exploitation en galerie le sera assurément.

La Margarida est un torrent dont les eaux ne tarissent pas; il se jette dans la Garonne, et peut servir à alimenter des ateliers de préparation mécanique. Sur le versant N.-E. de la vallée se trouvent des bois; et si, malgré la solidité de la roche, le boisement des galeries était nécessaire, on ne serait pas pris au dépourvu.

VALLÉE D'ARROS.

Pyrenaïca. — Dénoncée, le 20 avril 1864, par D. Juan Sirat, de Lès. — Cette mine est située dans le territoire de la commune d'Arros, à onze kilomètres du village. Le minerai que l'on y rencontre est de la blende de teneur variable; une certaine quantité est immédiatement livrable; mais en général, on doit faire passer la presque totalité à la préparation mécanique. Parmi les mines où les premiers travaux ont été dirigés avec intelligence, on doit citer la Pyrenaïca. En effet, deux fouilles ont été pratiquées à une certaine distance l'une de l'autre, et permettent alors de calculer la quantité de minerai comprise entre les deux points de recherches. Les premiers efforts des mineurs doivent tendre toujours à ce résultat; car, quelles que soient les inductions de la théorie, le capitaliste a toujours besoin de pouvoir cuber le minerai en quelque sorte, afin de donner une base à son entreprise.

La hauteur de cette mine au-dessus du fond de la vallée est peu considérable, et son exploitation est possible pendant une grande partie de l'année.

Aranesa. — Dénoncée, le 26 avril 1864, par D. Francisco Caubet, notaire à Viella. — Cette dernière mine est un peu plus rapprochée d'Arros que la Pyrenaïca. Mais elle se trouve à une plus grande hauteur, et les travaux de route pour faire descendre les minerais nécessiteront quelque dépense. On y rencontre un mélange de galène et de blende affleurant le sol, avec un chapeau de filon semblable à ceux que l'on rencontre plus haut sur le plateau de Liat. Le gisement semble offrir assez de chances de continuité, mais il a besoin de sérieuses études. A l'époque où nous l'avons visité, le travail légal n'était pas effectué; depuis, il a donné, dit-on, d'excellents résultats. Ces deux mines ne sont pas isolées dans cette vallée d'Arros; sur la rive droite du ruisseau existent déjà deux ou trois autres concessions, et plus bas se présentent encore d'autres gisements. La vallée d'Arros ressemble à la plupart des autres vallées; elle aussi est une vallée d'affaissement.

Il paraît qu'on a dénoncé en recherches un trou de mine situé plus en amont de la vallée. Un escalier en branchages, je crois, en partie sans doute ruiné par le temps, conduirait à un filon de quartz que les exploitants, je pense, n'ont pas encore osé visiter. Les indices de travail, la tradition, dit-on, réclament en cet endroit quelques fouilles nouvelles.

Conditions économiques. — Comme dans toutes les autres vallées de la Garonne, il existe dans la vallée d'Arros un ruisseau de dépense considérable, et qui peut servir à alimenter des ateliers de préparation mécanique. Les bois abondants ne coûteront que les frais nécessités par la main-d'œuvre, soit qu'on veuille les employer au boisement des galeries, soit qu'on veuille les employer au grillage des minerais. De plus, le chemin est susceptible d'amélioration, et nous ne doutons pas que l'autorité, comprenant le rôle important qu'elle doit jouer en ce moment, et, nous ajouterons, le devoir qu'elle a à remplir pour assurer l'avenir industriel de cette curieuse vallée, ne vienne puissamment en aide.

VALLÉE DE SALARDU.

Nous n'avons fait que descendre cette vallée en venant des hauteurs de Liat. Nous avons pu voir quelques gisements encore inexplorés. L'un d'eux même se trouve à peu de distance de Liat, et consiste en une fouille insignifiante où l'on trouve réunis les deux minerais du plateau supérieur : la blende et la galène. Plus

bas se trouvent d'autres gîtes minéraux. Il est fâcheux que cette
vallée soit aussi éloignée de la route qu'elle l'est encore aujourd'hui.
Nous ne conseillons pas en cet endroit l'exploitation de la blende;
un jour peut-être ce minerai sera exploitable avec profit quand les
premiers bénéfices provenant de l'exploitation de la galène auront
fait ouvrir des routes meilleures, et quand la blende sera payée un
peu plus cher qu'elle ne l'est aujourd'hui à Montrejean (Haute-
Garonne).

PLATEAU DE LIAT.

Au-dessus des riches mines de Sentein, dans l'Ariége, se trouve
un plateau presque oublié jusqu'à ce jour par les géographes et les
géologues. Les Anglais, sans doute lorsqu'ils possédaient l'Aquitaine,
lui ont donné son nom, qui signifie *plomb*.

Le chemin qui y conduit quitte la route de France en Espagne
à la hauteur du village de Canejan, près du poste de la Douane
espagnole, nommé *Pontau*. C'est à cet endroit que se jette la petite
rivière de *Toran*, qui descend de l'est; après avoir coulé quelque
temps dans le haut de la vallée presque au niveau du sol, elle s'engouffre dans une gorge profonde avant de se jeter dans la Garonne.
C'est sur le pourtour de la rive droite que se trouve perché le
village de Canejan, à cent cinquante mètres au moins au-dessus
de la vallée.

Une route suit le cours d'eau dans son trajet; elle eût pu être
mieux tracée, et éviter entre autres un passage difficile où chaque
année doivent être faites des réparations. Mais il faut tenir compte
à ceux qui l'ont faite de leurs premiers efforts dans cette contrée,
et de la faible somme d'argent qu'ils voulaient dépenser avant la
mise en marche régulière de l'exploitation des mines du plateau
de Liat.

Fonderie de Saint-Jean. — Au-delà du village de Saint-Jean, à
une heure et demie de Pontau, on rencontre un établissement
industriel qui sert d'habitation aux directeurs de la mine Buenaventura, de Liat. Cette habitation peut être regardée comm
nécessaire et fort utile aux voyageurs qui vont faire l'ascension de
la montagne.

A cette habitation est annexée une fonderie de plomb composée de deux fours à manche et d'un four à reverbère inachevé. Un des ruisseaux qui forment la rivière de Saint-Jean est destiné à faire marcher la soufflerie au moyen d'une trompe. La disposition de l'usine, par rapport aux minerais qui descendent de Liat, est bonne; une seule chose peut-être dans la situation de l'usine semble ne pas avoir été assez sérieusement prise en considération : c'est celle de l'approvisionnement des bois. On ne doit pas songer, en effet, à faire parvenir jusque-là le combustible minéral nécessaire pour la fonte des minerais; le seul traitement possible est le traitement au bois. Sans doute ce traitement se ferait si l'autorité ne venait pas interdire l'exploitation de ces forêts considérables dont les habitants de la montagne se trouvent souvent si jaloux. Nous sommes convaincus cependant que l'administration autorisera, pendant un certain temps du moins, l'exploitation des bois nécessaires à la fonderie.

Au fond du ravin de gauche, on a constaté, dit-on, l'existence d'un gisement de pyrite cuivreuse.

Au delà de l'usine, on rencontre un sentier qui mène à la montagne. Les propriétaires de la mine Buenaventura ont eu le mérite de créer ce chemin, qui rend beaucoup plus facile l'ascension du plateau de Liat, et favorise puissamment la descente des minerais; ce chemin est fait en terrain communal, et les autres exploitations peuvent en profiter. La confection de cette route n'est pas sans reproches; mais ceux qui l'ont faite ont substitué une route où l'on peut monter à cheval à un ancien sentier accessible seulement aux chèvres et aux hommes. Il y a de ce côté un véritable progrès, une amélioration considérable pour la situation économique des mines du plateau de Liat.

Au bout de trois heures de marche, on arrive à la cabane du maître mineur de la première concession de mines; on se trouve alors à une hauteur d'environ deux mille mètres au-dessus du niveau de la mer; aussi l'exploitation n'est-elle possible dans ces parages que pendant cinq ou six mois de l'année tout au plus.

Près de la cabane du maître mineur, on trouve un filon de quartz qui se prolonge dans la montagne et semble avoir quelque relation avec les gisements minéraux du voisinage.

En bas se trouve un étang d'une assez faible étendue; les eaux y sont souvent rougeâtres, et doivent cette coloration à des boues chargées de peroxyde de fer.

Près de l'étang se montrent des dolomies avec des débris de chapeaux de filons en grande abondance; ces débris appartiennent à un composé ferrugineux facilement décomposable à l'air; ils semblent descendus de plus haut.

1° *Concession de la Lea* : M. Carvallo. — C'est la première concession qui se présente quand on a dépassé la cabane du maître mineur. L'amas se présente dans une station verticale; on l'a traversé de part en part, et une excavation de deux ou trois mètres l'a montré trois fois. Le minerai extrait forme des blocs énormes de blende et de galène. Nous pensons que ces amas résultent du déversement d'un filon intérieur à travers les failles multiples et sensiblement verticales des roches soulevées en cet endroit. Ce sont pour nous de véritables manteaux qui recouvrent la montagne. Du reste, les recherches, habilement dirigées jusqu'à ce jour, de la Société des mines de M. Carvallo ne tarderont pas à nous éclairer à ce sujet; il est même probable qu'elles ne tarderont pas à montrer les filons qui ont produit ces amas.

La direction du rectangle de la concession est 22° 1/2 nord à l'est, 22° 1/2 sud. Il paraît que sur le sommet de la montagne on rencontre de la galène en cubes parfaitement cristallisée.

Concession de la Gabriela : même propriétaire. Dans le prolongement de la Lea se trouve la Gabriela. — Une attaque analogue à celle de la Lea a été faite et a donné de magnifiques résultats, plus remarquables encore que ceux de la première. Il n'y a rien de surprenant à ce que la quantité de minerai extraite en cet endroit, par une galerie de même profondeur que celle de la Lea, ait donné des résultats plus considérables. Les fentes, en effet, que remplissent les amas sont variables dans leurs dimensions : ici elles sont étroites et resserrées, ailleurs elles deviennent fort larges et très avantageuses pour l'exploitation.

L'exploitation de ces deux concessions, si bien commencée aujourd'hui, est d'une facilité extrême; un ravin profond longe ces concessions; il peut favoriser l'installation de nouvelles galeries de recherches, ou de galeries d'exploitation. Il n'y aura pas à donner une grande profondeur aux galeries que l'on exécutera;

l'aérage, l'écoulement des eaux, le roulage à l'intérieur seront d'une extrême facilité.

Nous empruntons à un mémoire de M. Fournel, qui visita ces mines au mois de septembre dernier, quelques résultats d'analyses faites au Bureau des Essais à l'École Impériale des Mines de Paris sur des échantillons de la Gabriela :

		N° 2 A.	N° 2 B.	Moyenne.
Zinc aux 100ᵏ de minerai.........		un peu	un peu	»ᵏ »
Plomb — de minerai.........		20ᵏ	41ᵏ6	30 8
Argent — de plomb d'œuvre...		60	66 »	63 »

Concession de la Mariana : même propriétaire. — Si l'on continue sa marche vers l'est, on rencontre la concession de la Mariana ; les grands côtés du rectangle sont dirigés de l'O. 22° 8, à l'E. 22° N.

Une attaque faite à ciel ouvert a donné une quantité énorme de minerai, si l'on en juge par le peu d'importance de la fouille; on y rencontre, en effet, environ une cinquantaine de mètres cubes de minerai ; de même que dans les autres concessions, la blende et la galène y sont mélangées en diverses proportions. Parfois on peut, à la rigueur, enlever la galène des chantiers après un simple cassage à la main. La blende se présente assez souvent très pure; des échantillons provenant de cette concession ont été analysés au Bureau des Essais de l'École Impériale des Mines de Paris, et voici les résultats :

		N° 3 A.	N° 3 B.	N° 3 C.	N° 3 D.
Zinc aux 100ᵏ de minerai.......		13ᵏ5	»ᵏ »	25ᵏ7	33ᵏ »
Plomb — de minerai.......		21 2	75 »	17 6	traces.
Argent — de plomb d'œuvre.		56 »	69 »	45 »	traces.

Plus loin, vers l'Est, se rencontrent quatre autres concessions, dont trois sont déjà accordées ; nous en parlerons bientôt dans l'ordre suivant :

> Buenaventura.
> Florida y Madre de las Minas.
> Eugenia.
> Anita.

Mais avant de parler de chacune d'elles, nous terminerons la description des gisements relevant de la Société Carvallo.

A plus d'un kilomètre de la Mariana se trouve la concession d'Estrella. Une attaque à ciel ouvert a montré un puissant amas; un travail relativement peu considérable a fourni plusieurs mètres cubes de minerai.

La direction de cet amas est presque perpendiculaire à celle des premiers que nous avons examinés. Le minerai obtenu dans les recherches est un mélange de galène et de blende. Voici encore quelques résultats analytiques puisés aux même sources que les précédents.

	N° 4 A.	N° 4 B.	N° 4 C.	Moyenne.
Zinc aux 100^k de minerai	un peu	28^k »	32^k »	»^{k} »
Plomb — de minerai	58^{k}8	45 6	11 2	38 5
Argent — de plomb d'œuvre.	10 8	61 »	53 »	74 »

Si nous jetons un coup-d'œil d'ensemble sur toutes les concessions précédemment décrites, nous sommes heureux de reconnaître que la Société, à la tête de laquelle se trouve M. Carvallo, possède une étendue de concession assez considérable; que les premières recherches, habilement dirigées, il est vrai, ont donné d'excellents résultats, et que tout porte à croire que l'avenir marchera d'accord avec le passé. Aujourd'hui, plus de six cents tonnes de minerai sont extraites; il n'y a plus, suivant nous, qu'à créer sur le plateau même de Liat des ateliers de préparation mécanique aussi simples que possible qui permettront de réaliser les premiers bénéfices.

Concessions de la Buenaventura. — De même que les gîtes précédents et ceux dont nous avons encore à parler, le gîte de plomb argentifère de la Buenaventura se trouve encaissé dans des schistes et des calcaires que nous pensons appartenir au silurien inférieur. Les élévations de terrain qui surmontent la plaine, semblables à de petites collines, portent généralement des minéraux dans leur sein; on reconnaît le gîte sur presque toutes les mines de cette contrée à la coloration de la surface du sol; les minéraux ferrifères qui formeraient le chapeau de l'amas se sont décomposés et ont donné au terrain une teinte brun foncé.

La concession ou plutôt les deux concessions réunies de la Buenaventura forment un rectangle dont le grand côté est parallèle aux affleurements, et dirigé à peu près de l'est à l'ouest.

On peut distinguer six veines principales dans la concession de la Buenaventura, et on les reconnaît successivement en marchant du nord au sud.

N⁰ˢ 1 et 2. — Ces deux veines, de puissance indéterminée, semblent assez suivies; les recherches sont insuffisantes, l'extraction est extrêmement facile.

N⁰ 3. — Deux fouilles ont été pratiquées sur cet amas, et ont donné de très beaux résultats. L'une d'elles, à l'est de la concession, est superficielle; elle présente une couche de près de deux mètres d'épaisseur, dont cinquante centimètres environ sont occupés par de la galène à grandes facettes; le reste renferme principalement de la blende et de la pyrite de fer. La seconde recherche offre les mêmes résultats que la première. La veine peut se suivre en direction sur une assez grande longueur.

N⁰ 4. — Cette veine est encaissée au milieu d'une dolomie grenue et grise. Elle se présente avec une puissance de huit mètres environ auprès de la baraque des mineurs. Elle est jusqu'à ce jour une des plus riches de la concession.

N⁰ˢ 5 et 6. — Si nous pouvions nous contenter du jugement superficiel que l'on peut porter sur les concessions de la Buenaventura, nous dirions que ces deux derniers amas sont loin d'avoir l'apparence des n⁰ˢ 3 et 4. Mais nous sommes forcés d'avouer, à notre regret, qu'aujourd'hui aucun jugement n'est permis sur l'importance d'une mine où les recherches sont insuffisantes. Les propriétaires de cette mine sont venus en quelque sorte s'installer les premiers sur le plateau de Liat; ils ont fait une foule de travaux indispensables pour les arrivants, entre autres le chemin qui conduit à Liat. Il serait à désirer aujourd'hui qu'ils se livrassent à des recherches. Elles seront peu coûteuses. Les amas, en effet, courent en affleurant pour ainsi dire le sol; presque toujours, quelques tranchées pratiquées çà et là suffiront pour la détermination d'une veine, et il sera beaucoup plus facile alors de déterminer la quantité de minerai que l'on peut extraire de ces gîtes, et, par suite, de proportionner à la richesse du gisement les dépenses d'installation. Il est évident qu'il y a là, comme partout, sur cette montagne, une grande abondance de minéraux. Mais les inductions de la théorie ne suffisent pas pour les capitalistes; ils veulent avec raison voir et examiner complètement les richesses qu'on leur demande de faire valoir.

La Société concessionnaire des mines de la Buenaventura a fait sur le plateau de Liat deux autres demandes de concession, portant les noms de la Irma et de la Valentinetta. Cette dernière fait suite sur les hauteurs, du côté de l'ouest, à la Buenaventura. L'autre occupe le versant oriental de la plaine de Liat; une des veines de la Buenaventura passe dans la Irma. Celle-ci renferme, en outre, cinq autres veines. Comme à la Buenaventura, les recherches sont tout à fait incomplètes.

Nous terminerons cette courte description des gîtes de la Buenaventura par quelques résultats analytiques.

Une galène à petites facettes a produit 52 kilog. de plomb et 30 grammes d'argent au quintal métrique de minerai.

Pour le même poids initié, une galène à grandes facettes a donné 62 kilog. de plomb et 105 grammes d'argent.

Enfin, un autre échantillon a donné une teneur de 0^{g}009 d'argent pour 1 gramme de plomb. C'est là certainement une teneur des plus remarquables, et qui dépasse de beaucoup celle fournie par les minerais de la Lozère, de la Bretagne et de l'Auvergne.

Les essais dont la liste va suivre ont été pris par un homme compétent sur les diverses veines de la Buenaventura.

Les minerais n'ont pas été soumis à la lévigation. Pour doser le plomb, on a fondu 5 grammes de chaque échantillon avec 20 grammes de carbonate de soude. On a dosé l'argent par la coupellation.

N° 1. — Échantillon de galène à grains fins dans une roche quartzeuse recueilli sur l'affleurement de la veine n° 1 de la Buenaventura.

5 grammes ont donné :

Plomb.	Argent.
0,43	0,0017

La scorie provenant de la fusion du minerai retenait quelques petites grenailles de plomb que l'on n'a pas réunies.

La proportion au quintal métrique est de :

8^{k}60 plomb et 30 grammes argent.

N° 2. — Échantillon de galène à grains fins mélangé de roche et de pyrite pris dans la fouille du milieu sur la veine n° 3.

5 grammes ont donné :

0^{gr}29 de plomb et 0^{gr}0012 d'argent.

Proportion au quintal métrique :

5ᵏ80 de plomb et 24 grammes d'argent.

N° 3. — Échantillon de galène à grandes facettes recueilli sur la même veine n° 3 et dans la même fouille.

Premier essai. — 5 grammes de minerai ont donné :

3ᵍʳ105 de plomb et 0,005 d'argent.

Deuxième essai. — Le même poids a donné :

2ᵍʳ90 de plomb et 0,0054 d'argent.

Si on rapporte au quintal métrique le résultat de ces essais, le premier donnera :

62ᵏ10 de plomb et 100 grammes d'argent.

Le second:

58ᵏ de plomb et 108 grammes d'argent.

La moyenne sera alors de :

60ᵏ05 de plomb et de 104 grammes d'argent.

N° 4. — Galène à grandes facettes recueillie au fond de la petite fouille ordonnée par M. Jacquot sur le grand affleurement ferrugineux de la veine n° 4.

L'échantillon était mélangé d'un peu d'oxyde de fer. On a aussi fait deux essais sur cette galène.

Le premier a donné, pour 5 grammes :

2ᵍʳ70 de plomb et 0,005 d'argent.

Le second, pour le même poids :

3ᵍʳ08 de plomb et 0,005 d'argent.

Le premier correspond à.... (par 100 kil.) :

54 kil. de plomb et 100 grammes d'argent.

Le second à :

61ᵏ60 de plomb et 100 grammes d'argent.

La moyenne est de :

57ᵏ80 de plomb et 100 grammes d'argent.

N° 5. — Échantillon de galène à petites facettes avec blende, pris dans la fouille superficielle exécutée sur la veine n° 5, un peu au-dessus de la baraque.

5 grammes ont donné :

$$4^{gr}18 \text{ de plomb et } 0{,}0018 \text{ d'argent,}$$

ou, par quintal métrique,

$$23^{k}60 \text{ de plomb et } 36 \text{ grammes d'argent.}$$

On ne saurait se dissimuler que tous ces essais sont très avantageux. On peut en conclure que les minerais de la Buenaventura sont riches en argent.

Cette teneur, en effet, déduite des essais précédents, serait en moyenne voisine de deux kilogrammes d'argent par tonne de plomb d'œuvre.

Concession de la Florida y Madre de las minas. Propriétaire : M. Fourié. — Cette concession est voisine de la Buenaventura, et la limite en partie vers le sud-est. Le gisement est encore ici un amas, mais un amas d'épaisseur assez considérable et assez riche en galène. A trois cents mètres de distance se trouvent deux excavations transversales, offrant le minerai avec une puissance de 1,50 en moyenne. La largeur, dans le sens perpendiculaire à la direction du gisement, que l'on a reconnue jusqu'à ce jour, est d'environ quatre ou cinq mètres. Toutefois, la configuration du sol et son étude géologique permettent de supposer une largeur plus considérable. Le minerai doit se retrouver en outre de l'autre côté, au centre d'un soulèvement semblable au premier.

La concession borde l'étang de Serra Longua, et a pour direction générale une ligne passant par le N.-E. S.-O.

Aujourd'hui, comme partout ailleurs, les recherches sont encore très incomplètes. Celles qu'on a entreprises jusqu'à ce jour ont été faites sur de vieux travaux. Il est indispensable que quelques mille francs soient consacrés à de nouvelles recherches. Le minerai que l'on y rencontre est un mélange intime de blende et de galène. Celle-ci s'y rencontre en toutes proportions jusques et y compris la galène pure. Il semble que, lorsque l'on marche vers la montagne, la quantité de galène augmente. La dernière excavation, en effet, présente de la galène presque pure. Quoique l'on doive regarder la moyenne des teneurs en argent comme la même pour toutes les mines du plateau de Liat, cependant nous donnerons, comme pour les précédentes, quelques résultats analytiques.

M. Baudrimont, professeur à la Faculté des Sciences de Bordeaux, a constaté une teneur en argent s'élevant au chiffre de cent quarante-deux cent millièmes (0,00142).

Depuis, un schlich plombeux provenant de l'excavation supérieure a été analysé à l'École Impériale des Mines de Paris, et voici les résultats de quatre essais par voie sèche :

N° de l'essai.	Plomb aux 100 kilog. de minerai.	Argent aux 100 kilog. de plomb.	minerai.
N° 1.	71ᵏ00	303ᵍʳ	215ᵍʳ
N° 2.	71 60	265	190
N° 3.	72 78	219	160
N° 4.	73 15	205	150

On peut être surpris de voir une divergence aussi considérable entre les diverses teneurs; mais après examen, on ne tarde pas à reconnaître que cette divergence tient au défaut d'homogénéité du schlich. Ce fait est mis en évidence par les expériences suivantes :
A. B. On a soumis à deux décantations successives 23ᵍʳ05 de la matière, qui s'est trouvée ainsi fractionnée en trois parties :

Partie légère (dépôt d'une 1ʳᵉ décantation)............ 2ᵍʳ5
Partie moyenne, densité (dépôt de la 2ᵉ décantation)... 4 00
Partie lourde (restant après la 2ᵉ décantation)........ 16 55
       Total................... 23ᵍʳ05

L'essai pour argent a donné :

Argent aux 100 kilog. de matière.
Partie légère................................... 160ᵍʳ
Partie moyenne................................. 125
Partie lourde................................... 108

Enfin, si nous comparons les teneurs moyennes en argent, déduites par le calcul des deux séries d'expériences A. et B., nous trouvons :

Teneur moyenne en argent.............. } A.   B.
Aux 100 kilog. de matière.............. } 178ᵍʳ   112ᵍʳ

Conclusion. — La matière envoyée est un mélange non homogène de substances argentifères de teneurs différentes ; un pareil échantillon ne saurait être pris comme base d'aucune combustion. *(Extrait des Registres du Bureau d'Essai de l'École Impériale des Mines pour les Substances minérales.)*

Nous ne pensons pas qu'en aucune circonstance un essai de substances minérales ait été pris suivant toutes les règles sur l'une des mines quelconques du plateau de Liat. On s'est borné sans doute à ramasser des échantillons représentant, autant que possible, la composition générale des minerais. Mais la concordance de tous ces essais faits pour toutes les mines sur des échantillons divers, l'identité de teneur en argent qui existe pour la Buenaventura et la Florida y Madre de las Minas, tout permet d'admettre, comme teneur moyenne en argent pour ces diverses mines, 1,800 grammes d'argent à la tonne de plomb d'œuvre.

Ces concessions ne sont pas du reste les dernières du plateau de Liat que nous ayons à examiner. Nous avons nous-mêmes reconnu l'existence de nombreux gîtes, et, depuis notre passage sur cette montagne, un certain nombre d'entre eux ont été dénoncés. Toutefois, il existait alors, dans la direction de la Florida, deux autres concessions demandées : *Eugenia* et *Anita*.

1° *Eugenia*. Il n'y a de fait sur cette mine que le travail légal. Une couche de galène se trouve comprise, à quelque distance du sol, entre les schistes et les calcaires ; elle est d'une assez faible épaisseur. Le minerai est de la galène presque pure. L'étude faite aujourd'hui sur cette concession est complètement insignifiante.

2° *Anita*. Plus loin se trouve l'*Anita*. De même qu'à la précédente, les premiers travaux exécutés ont mis à découvert une couche assez mince de galène à grandes facettes, mélangée avec une assez grande quantité de quartz. Le triage est possible.

Conditions économiques. — Dans l'état actuel des transports et du prix de la blende à Montréjeau, les exploitants doivent mettre la blende de côté, en attendant l'avenir, et s'efforcer de réaliser la galène. Il est indispensable pour cela de recourir à la préparation mécanique. Sans doute on pourrait livrer une certaine quantité de galène après avoir simplement effectué un cassage et un triage à la main ; mais on laisserait ainsi sur le plateau une grande quantité de matières utiles. Les premiers bénéfices permettront d'améliorer les transports, et lors même que d'autres circonstances ne viendraient pas en aide, la blende ne tardera pas à pouvoir être exploitée avec profit. Dans tous les cas, l'accord entre les propriétaires des mines est fort désirable et doit servir l'intérêt de tous. Il y a en effet des intérêts communs. Peut-être y aura-t-il lieu un jour à faire une coulée du haut des lacs de Liat, au fond du ravin qui avoisine l'usine de la Buenaventura. Peut-être sera-t-il préférable encore de faire une route de passage vers Sentein, par le port de la Orqueta.

L'installation d'une préparation mécanique est chose assez facile sur le plateau de Liat, du moment qu'on aura soin de la murer complètement pour l'hiver. Il existe en effet, près des mines, un étang qu'on nomme l'*Étang de Liat,* que, sans doute, Lopez a voulu désigner sous le nom d'*Estanco de Lest.* Il s'en écoule vers l'est un ruisseau abondant, rapide, pouvant fournir plusieurs chutes d'eau. A une certaine distance, ce ruisseau s'engouffre dans un vaste entonnoir, et semble disparaître ; mais plus loin, à un niveau moins élevé, on voit sortir de terre des sources abondantes qui lui doivent sans doute leur origine. Ce fait, du reste, n'est pas particulier au ruisseau qui sort de l'étang de Liat ; il est commun à d'autres affluents de la Garonne ; mais ici, le phénomène est peut-être plus saillant qu'ailleurs.

Près de Liat se trouve le pic de Montaulieu, à une assez grande hauteur au-dessus des gisements que nous venons d'étudier. Il paraît que ses flancs portent des mines fort riches de galène et de blende, mais nous n'avons pu encore les visiter.

Il en est de même de cette partie de la vallée qui commence à Arties et se prolonge vers le port de Paillas. Nous avons vu des échantillons de minerais venant de ce côté, particulièrement des environs de Montgarri. Nous sommes convaincus que les gisements sont aussi abondants que partout ailleurs.

Mine de cuivre, Paduaña. Concessionnaire : M. Castets, d'Arties. — Non loin des gisements de lignite qui dominent la vallée d'Arties, à deux heures de ce village et à quatre heures environ de Viella, se trouve près de l'axe de la chaîne de la Maladetta un gisement de pyrite cuivreux, appartenant, suivant nous, à la catégorie des amas, et se trouvant au sein des calcaires et des dolomies du silurien supérieur. Le minerai est accompagné de quartz grisâtre, et le tout encaissé dans une dolomie blanche. Cette dernière, entamée par les agents atmosphériques, a disparu à la surface, laissant à l'état libre, au milieu de la terre végétale, des rognons de pyrite cuivreuse très pure. La partie inférieure de l'amas est restée enclavée dans la dolomie. On trouve parfois de ces rognons pesant un kilogramme. Les conditions d'exploitation sont très satisfaisantes. Une route charretable s'avance presque jusqu'au pied de la mine, et à l'aide d'une somme d'argent peu considérable, il sera facile de relier celle-ci au chemin vicinal. Les travaux faits aujourd'hui sur cette mine sont insignifiants; mais sa situation, par rapport à la ligne de la Maladetta, la nature sulfureuse des sources qui découlent de la montagne, la présence de traces de cuivre dans les roches environnantes, tout appelle l'attention. Nous pouvons rappeler ici qu'en général les travaux de reconnaissances pour étudier les mines de cette contrée sont peu coûteux. Très souvent, on rencontre, en effet, des amas qui touchent presque à la surface; alors, de petites tranchées, quelques galeries peu profondes, de petits puits, amènent promptement à la connaissance du gisement. La teneur en cuivre est d'environ 25 à 30 0/0.

Tesorera. — Sur la rive droite de la rivière d'Arties, à une demi-heure du village, se trouve une autre mine de cuivre, désignée sous le nom de *Tesorera*. Plusieurs travaux ont déjà été faits sur cette mine. Une large excavation, suivie d'une autre moins large et plus profonde, a mis à jour un gisement de minerai de cuivre pyriteux. Ce minéral se montre à travers toutes les fissures d'une roche essentiellement dolomitique, et qu'il a en partie colorée en vert. La roche dolomitique est saccharoïde ou cristallisée, et semble avoir accompagné le minerai dans son émission. C'est au-dessus de cet endroit qu'a été rencontré un gisement de nickel et de cobalt. Nous ne l'avons pas encore visité; mais quelques échantillons nous ont été remis, et nous pouvons livrer à la publicité l'analyse suivante :

Argile et silice	0,75
Oxyde fer	2,56
Bismuth	0,16
Nickel	16,72
Cobalt	3,34
Arsenic et antimoine	10,90
Soufre	11,24
Chaux	22,33
Magnésie	9,73
Acide carbonique	21,06

Si l'on fait déduction de la gangue, on trouve pour le minéral lui-même la composition suivante :

Soufre	25,02
Arsenic et antimoine	24,29
Oxyde de fer	5,76
Bismuth	0,36
Nickel	37,22
Cobalt	7,43
	100,08

Dans certaines contrées, notamment à Hamberg, dans le pays de Siegen, le fer remplace souvent le cobalt, dans le cobalt gris par exemple.

Si donc nous faisons la somme du fer, du nickel, du bismuth et du cobalt, nous verrons que cette variété minéralogique est puissamment riche en métaux utiles, et la formule de ce minerai sera :

$$S^1 + (As + Sb)^1 + M^2$$

Conditions économiques. — Les mines situées dans la vallée d'Arties sont d'une exploitation très facile. En général, la vallée est d'une pente assez douce, et l'amélioration des chemins peu coûteuse; du reste, toutes ces mines sont à une faible hauteur au-dessus du niveau de la vallée. Il y a, comme dans toutes les vallées, un cours d'eau assez puissant pour fournir des forces mécaniques considérables.

VALLÉE D'ESCUÑAU.

Mine de cuivre : Casualidad : M. Demiguel, alcade à Viella, onze kilomètres d'Escuñan, 8 septembre 1864. — Il y a quelques mois à peine que cette mine est découverte. Nous l'avons visitée dans les derniers jours que nous passâmes dans la vallée d'Aran, et elle nous semble aujourd'hui, quant aux indices, la plus riche mine de cuivre de la vallée. Elle se trouve à trois heures d'Escuñau, et, par suite, à environ quatre heures de Viella. Malheureusement l'exploitation n'est possible qu'à partir du mois de juin et pendant quatre mois au plus. Il sera nécessaire de faire quelques réparations à la route.

Les traces du gisement apparaissent sur les flancs mêmes de la Maladetta, et on peut les suivre à une arête quartzeuse qui émerge au travers des fissures de la roche dolomitique dont la montagne est formée. Lorsqu'on détruit cette arête, on aperçoit des traces verdâtres de carbonate de cuivre qui annoncent la présence du minerai. Lors de notre visite, nous fîmes faire quelques fouilles dans la direction d'une de ces arêtes. Le minerai se rencontrait à quelques centimètres de la surface avec une puissance de cinquante centimètres environ. La richesse moyenne doit être d'environ 30 0/0 de cuivre; à chaque instant on rencontre des cristaux d'oxyde de cuivre parfaitement nets qui ont cristallisé au sein de la masse.

Près de cette mine se trouve une crevasse profonde qui semble rendre témoignage des révolutions intérieures de la montagne ayant suivi l'époque de la formation de ces minerais et du soulèvement de la Maladetta. Un fait semblable se présente dans la vallée d'Arros, où une crevasse béante d'un ou deux décimètres atteste un phénomène du même genre.

Cette mine n'est pas seule dans la vallée d'Escuñau. En descendant de la Casualidad, on rencontre une autre mine de cuivre non loin de la forêt. Le minerai est un mélange de pyrite de fer et de pyrite cuivreuse; cette dernière mine porte le nom de Pauliña.

Conditions économiques. — Les mines de la vallée d'Escuñau semblent généralement riches en cuivre. Quoique situées à une hauteur assez considérable, on ne doit pas moins regarder comme certain que leur exploitation sera fructueuse. On pourrait au besoin, grâce à la présence de la forêt d'Escuñau, griller les minerais avant de les descendre dans la vallée de la Garonne; peut-être même serait-il possible de leur faire subir une première fusion pour mattes. Le ruisseau qui descend du lac poissonneux, voisin de la Casualidad, est assez abondant pour permettre sur la montagne l'installation de petits fours à manche à courant d'air forcé.

Enfin, si la descente de la mine à Escuñau est assez rapide, et n'est permise aujourd'hui qu'aux mulets ou aux ânes, on ne doit pas se dissimuler que de grandes améliorations sont possibles, et qu'à l'aide de frais relativement peu considérables on pourra descendre les minerais sur des traîneaux. Du reste, la teneur en cuivre de ces mines, et particulièrement de la Casualidad, suffisent pour ne laisser aucun doute sur leur possibilité d'exploitation.

VALLÉE DE VIELLA.

Mine de cuivre: Maria. Propriétaire : M. Caubet, notaire à Viella, dénoncée le 5 avril 1864 à Montauliet, à dix kilomètres de Viella. — Cette mine est située à une hauteur assez considérable. Son exploitation est possible pendant six mois de l'année environ. Comme la Casualidad d'Escuñau, elle présente de magnifiques indices. Il n'est pas rare que la pioche du mineur abatte d'un seul coup plusieurs kilogrammes de minerai. La teneur est d'environ 30 0/0 de cuivre. Le gisement est accompagné d'un filon de quartz qui traverse la vallée du Rio-Negro et se dirige vers le port de Viella suivant une ligne passant vers le S.-E.-N.-O.

Lorsqu'on traverse le port, on rencontre souvent, en effet, des fragments de minerai de cuivre descendus de la crête de la montagne. Sur le terrain de la mine, on voit les roches voisines du gisement, schiste, grunstein, etc., complètement imprégnées de cuivre, et il n'est pas rare de trouver de ces roches renfermant 2 ou 3 0/0 de ce métal. La puissance du gisement est très considérable, mais on a fait pour tout travail une large excavation dans la direction du gîte minéral; en un mot, les recherches sont parfaitement incomplètes.

Cette mine est située à environ trois heures de marche de Viella, mais il est facile de supprimer pour les minerais une partie de ce trajet au moyen d'une coulée qui amènerait le minerai à la hauteur de la source du Rio-Negro.

A partir de cet endroit, la distance à Viella est tout au plus de six kilomètres. Les bois, abondants dans le voisinage de la mine, permettront d'installer cette coulée à peu de frais.

Nicolassa : mine de cuivre près la source du Rio Negro. Propriétaire : M. Antonio Demiguel, alcade à Viella; dénoncée le 26 mars 1864; à six kilomètres de Viella, dans la vallée du Rio Negro. — En face la mine précédente, mais à une moins grande hauteur, sur la rive gauche du Rio-Negro et dans la même direction que la première, c'est-à-dire dans la direction S.-E.-N.-O., se trouve un autre gisement aussi très remarquable.

Des travaux plus considérables que partout ailleurs ont été faits sur cette mine. Une esplanade assez vaste, où déjà plusieurs mètres cubes de roches ont été enlevés, indique que les propriétaires attachaient de l'importance à cette exploitation. Cette esplanade coupe à leurs deux extrémités deux petits filons de pyrite cuivreuse.

Plus haut, à quelques mètres au-delà, du côté de la crête de la montagne, a été commencée une tranchée qui doit se continuer en galerie jusqu'à la rencontre du filon principal. Celui-ci se trouve sur la droite à une quinzaine de mètres du point d'arrêt.

Lorsque, partant de l'esplanade, on suit à la surface du sol les petits filons dont nous parlions à l'instant, on trouve toujours un mélange de pyrite cuivreuse mélangée de quartz et de dolomie. C'est sur la droite que se trouve le chapeau du filon principal que l'on doit se proposer d'atteindre le plus vite possible. Ce chapeau est ferrugineux et renferme des traces abondantes de carbonate vert de cuivre. Nous avons pu voir plusieurs fragments que l'on a descendus en notre présence. Il est aussi un fait singulier que nous avons pu observer. Il est pour nous d'un excellent indice en faveur du gisement. En allant dans la direction de la galerie projetée vers le chapeau du filon principal, on rencontre une roche dolomitique entre-bâillée horizontalement. La partie inférieure de cette fente horizontale est recouverte de pyrite de cuivre; on y a même trouvé du cuivre natif. Le minerai semble s'être déversé par cette fente. L'accès de cette mine est très facile, et son exploitation pourra durer toute l'année quand les ouvriers seront en galerie.

Avant d'arriver au port de Viella, à trois quarts d'heure de la ville, ont été demandées en concession deux autres mines. Ces deux mines renferment, comme minerai, de la pyrite arsenicale nickelifère; l'une a été demandée en concession par D. Antonio Demiguel le 20 août 1864, et l'autre le 3 octobre 1864 par D. Rafaël Adema, notaire à Viella. L'analyse a montré que c'était un mélange de pyrite de fer arsenicale avec de la pyrite cuivreuse accompagnée de nickel et de cobalt. La quantité de cuivre, de nickel et de cobalt n'est pas assez considérable en ce moment pour donner lieu à une exploitation régulière. Il est même fort probable que l'on n'est encore arrivé qu'au chapeau du filon, et que le minerai changera de nature en profondeur. Des faits de ce genre se sont produits sur plusieurs autres mines.

Cette variété de fer arsenical appartient à la variété de fer arsenical axotome de Mohs; elle ressemble à celle que l'on rencontre en Styrie et qui fut analysée par Hoffman.

Là, en effet, on rencontre une pyrite arsenicale ainsi composée :

Soufre....................................	5,20
Arsenic...................................	60,41
Fer......................................	13,49
Nickel...................................	13,37
Cobalt...................................	9,10

Dans le cas actuel, la quantité réunie de fer, de nickel, de cuivre, de cobalt, ne dépasse pas 2 ou 3 0/0. De nouvelles recherches sont indispensables, et nous sommes convaincus que le minerai s'enrichira en nickel ou en cobalt, ou bien encore sera remplacé par de la pyrite cuivreuse.

La gangue de ce minéral se compose de chaux, de magnésie et de silicate d'alumine. Une excavation a été faite pour le travail légal. Un ou deux gisements de cuivre ont été signalés, en outre, non loin du port de Viella; l'un d'eux même est exploité sous le nom de mine de Sarrera. Nous ne les avons pas encore visités. La

situation des mines de la vallée de Viella est excellente au point
de vue des transports. Il y a assez de bois pour procéder à une
première fusion des minerais de cuivre, et le Rio-Negro est assez
abondant et assez rapide pour fournir d'excellentes chutes d'eau.

C'est au bas de la vallée, à l'endroit où le Rio-Negro se jette
dans la Garonne, que s'élève la petite ville de Viella avec son
église du XVIᵉ siècle. Sa situation est des plus pittoresques; au
fond de la vallée apparaissent le port de Viella et le col du Toro
avec leurs hauteurs couvertes de neige pendant une grande partie
de l'année.

VALLÉE D'ARTIG DE LIN.

Mine de plomb argentifère : Mall Blanc. — A douze kilomètres
environ de Viella, du côté de Bosost, et par conséquent plus près
de la France, se trouve le village de Las Bordes. A cet endroit
existait autrefois un vieux château-fort aujourd'hui ruiné. Aux pieds
du château, une rivière, venant d'une vallée qui se trouve à gauche,
se jette dans la Garonne. Cette rivière est l'Artig de Lin.

Si on remonte son cours, au bout d'une heure de marche on
trouve une mine de galène fort remarquable. Elle renferme relativement peu de blende. La gangue est le carbonate de chaux
mélangé d'un peu de quartz. Sa situation est excellente, et l'exploitation sera possible presque toute l'année dès que les ouvriers
seront en galerie. Une simple excavation faite aujourd'hui a déjà
produit plusieurs mètres cubes de minerai riche en moyenne
à 50 0/0 environ.

Au-delà, et appartenant au même gisement, sur la rive droite
du Rio-Negro, se trouve une autre concession de même nature. Il
en est de même sur la rive gauche de la rivière, où se prolonge le
gisement dont nous parlons en ce moment. On y trouve, en effet,
la concession *del Sanglo;* le minerai est un mélange de pyrite de
fer, de blende et de galène. Quelques tonnes de minerai sont déjà
sorties des excavations faites aujourd'hui sur la mine, et nous
savons que le résultat a été avantageux.

Ces deux gisements ne sont pas encore seuls dans les vallées
d'Artig de Lin. Il y en a encore deux autres que l'on rencontre
près la chapelle. L'un d'eux a déjà été travaillé il y a plusieurs

années; mais les fouilles ont été faites sur de petites ramifications de l'amas; on a suivi les filons qui se présentaient, et on n'a pas cherché à découvrir le gisement. Le minerai qui se montre est de la galène à grains fins mélangée d'un peu de pyrite.

Conditions économiques. — La situation des mines de l'Artig de Lin est des plus avantageuses. Les bois abondent dans cette vallée, et l'eau y est aussi abondante que partout ailleurs. De plus, les transports ne sont pas coûteux, ou plutôt le sont moins qu'ailleurs. Le village de Las Bordes, en effet, est assez rapproché de Bosost, et à cet endroit vont aujourd'hui des voitures publiques.

Sur la route de Las Bordes à Bosost, à peu près à moitié route, un gisement de galène a été découvert dans l'année 1864; aucune recherche n'y était faite quand nous le visitâmes. A cause de sa situation excellente, ce gisement mérite quelques études.

Il existe encore des indices de gîtes minéraux aux environs du village de Bosost.

En face de Lès, derrière la montagne qui se trouve sur la rive gauche de la Garonne, se rencontre, au milieu de schistes carburés appartenant sans doute au silurien supérieur, un riche gisement de minerai de fer; il est fâcheux qu'il se trouve à une aussi grande hauteur. Peut-être serait-il possible de le traiter sur place au charbon de bois, car nous pensons que les transports à l'état de minerai seraient trop coûteux.

C'est près de là que se rencontre cette mine de cuivre signalée déjà par le baron de Dietrich en 1786.

En se rapprochant de Pont du Roi, on a rencontré un gisement de pyrite de fer; quelques recherches ont été faites dans l'espérance que l'on avait affaire à un chapeau de filon. Depuis l'époque où nous l'avons visité, nous avons rencontré un des propriétaires, qui nous a annoncé que les ouvriers commençaient à rencontrer un peu de blende.

A trois cents mètres environ de Pont du Roi, on rencontre, au bord de la route, une petite ramification de galène. Le petit rameau semble augmenter d'épaisseur du côté de la rivière, et nous ne serions pas surpris qu'il se rattachât à un gîte minéral situé sur la rive droite.

Telles sont les principales observations que nous avons pu faire, et les principaux gîtes minéraux que nous avons visités cette année dans la vallée d'Aran ; en 1865 cette vallée sera encore pour nous l'objet de nouvelles et sérieuses études. Nous ne connaissons pas en effet cette partie de la vallée qui au delà d'Artics se dirige vers le port de Paillas. Nous avons déjà pu voir divers échantillons de minéraux provenant de mines non encore dénoncées, du manganèse et du cuivre gris ou Bournonite par exemple.

Nous pouvons dire, sans crainte d'être démenti, que la vallée d'Aran est un véritable musée minéralogique : cuivre, plomb, argent, zinc, nickel, cobalt, arsenic, antimoine, fer, tels sont les minerais que l'on rencontre à chaque instant dans une vallée qui n'a pas plus de soixante kilomètres de longueur de Pont du Roi au port de Paillas.

Nous terminerons cette première publication par un aperçu général sur la vallée de la Rigoborzana, et les environs de Castaneza où nous avons fait une petite excursion.

Les hauteurs qui dominent le port de Viella appartiennent, comme nous l'avons dit, à l'étage du silurien supérieur. Quoique à notre connaissance aucune déclaration de mines n'ait encore été faite dans ces parages, nous sommes cependant convaincu que ce district est encore très riche.

En descendant la rivière entre Senet et Vilailler, on trouve, près des mines abondantes de Cierco, une petite fonderie de plomb composée de deux fours à manche espagnols, tels que ceux que l'on emploie dans la province de Murcie, et d'un four à réverbère *(nouveau système à air libre)* que l'on terminait lors de notre passage, et où l'on a mis le feu quelques jours après. Les montagnes environnantes sont remplies de minerais ; mais nous ne pouvons parler des mines en particulier, nous ne les avons pas visitées. Auprès de Vilailler se trouve aussi une fonderie de cuivre aujourd'hui abandonnée.

Nous sommes allé de Vilailler vers Castaneza, où nous avons visité une riche mine de plomb. La galène se présente en filons, à gangue baryto-sulfatée ; des galeries parallèles avec puits de communication ont été pratiquées. Le minerai que l'on extrait est une galène antimonifère renfermant de cinquante à soixante centièmes de plomb. Il y a assez de bois pour pouvoir fondre sur place, et, à notre avis, c'est ce qu'il y a de mieux à faire. On transporterait alors les lingots de plomb à Bagnères de Luchon par le port de Venasque.

Tout près de cette mine existe un magnifique filon de baryte sulfatée, où nous conseillons de pratiquer des recherches.

La baryte sulfatée est en effet une substance essentiellement de filon; dans le Cumberland, en Angleterre, elle accompagne des filons de plomb; à Freyberg en Saxe, à Iberg, au Hartz, à Pesay en Savoie, elle se trouve dans des circonstances analogues; à Almàden en Espagne, et dans le Palatinat, elle forme la gangue du mercure sulfuré; à Felsobanya, en Hongrie, l'une des localités les plus célèbres pour ses beaux cristaux de baryte sulfatée, elle accompagne des minerais de tellure argentifère.

On trouve des filons stériles, composés de spath calcaire et de quartz, en plus grand nombre que des filons métallifères; tandis qu'on ne rencontre que rarement un filon riche en baryte sulfatée, sans minerais métalliques.

Il existe du reste, entre les filons de baryte sulfatée et les minerais, une relation excessivement remarquable. Ainsi, on a remarqué qu'au Hartz, quand la baryte sulfatée augmente, la richesse en argent augmente; si elle diminue, la blende la remplace. Le même fait a été observé depuis longtemps dans le Derbyshire, en Angleterre.

A quelque distance de la mine de plomb de Castaneza, dans la même vallée, un peu plus en amont et sur la rive opposée de la rivière, se rencontrent des fragments de minerai de cuivre, mêlé de beaucoup d'ocre. Ces morceaux ont roulé d'en haut. La tradition rapporte qu'il existe là une mine de cuivre fort riche, exploitée autrefois par des Allemands, à l'époque sans doute où la couronne d'Espagne réunissait tant de contrées sous son sceptre. L'entrée, paraît-il, aurait été fermée avec soin. Il est incroyable combien les habitants se sont donné de peines pour retrouver le gisement; ils ont tellement culbuté le terrain, qu'ils n'ont fait qu'augmenter la difficulté des recherches.

A quelques heures de Vilailler se trouve un gisement de houille; il pourra être d'un grand secours pour l'avenir des mines de ces contrées.

L'ensemble des mines nouvellement découvertes dans la vallée d'Aran et les vallées voisines constitue un district minier des plus remarquables.

Du côté de la vallée d'Aran, les transports ont encore besoin d'amélioration. Le voisinage de la France donne à ces mines une valeur relative assez considérable. L'exploitation de ces mêmes mines est par elle-même peu coûteuse, dans un pays aussi boisé et aussi riche en chutes d'eau. Les installations pour la préparation mécanique sont alors faciles à faire. Nous espérons que ces découvertes amélioreront considérablement le sort des habitants de ces contrées.

De l'autre côté du port de Viella, les chemins de fer, en s'avançant sur le Nord, vont sans doute aussi ranimer l'activité et le travail dans ces vieilles mines, célèbres déjà dans l'antiquité. Il est à désirer que le chemin de fer se prolonge encore plus loin, et il nous semble même que son passage par la vallée d'Aran serait beaucoup moins coûteux que partout ailleurs. La pente, en effet, de Saint-Béat à Viella, est au plus de sept à huit millimètres par mètre. La vallée est large, le lit de la Garonne assez profond; une voie ferrée pourrait longer la rivière.

Avant d'arriver à Viella, on pourrait marcher en tranchée jusqu'à la hauteur de la mine Nicolassa. A partir de là, il serait bon de construire un tunnel pour mettre les trains à l'abri des avalanches; mais la construction en plein air serait peu coûteuse, et on entrerait subitement dans un tunnel couvert au col du Toro. Cette barrière verticale, qui s'élève si majestueuse en face de Viella, semble s'être postée là pour appeler l'attention du génie humain et défier sa puissance.

A la hauteur où devrait passer la voie ferrée, le tunnel, traversant la montagne, aurait environ trois kilomètres; puis il pourrait suivre le cours de la Rigoborzana. Il longerait ainsi, un certain temps, les frontières de l'Aragon et de la Catalogne, et serait utile à deux contrées. Dans ce trajet, les ouvrages d'art seraient à notre avis moins considérables que partout ailleurs.

Du reste, quand s'agite pour un pays une question d'une telle importance, les hommes techniques doivent être consultés; ils le seront sans doute, et nous ne doutons pas de leur préférence pour le passage dans la vallée d'Aran. Puis le Gouvernement aura à se prononcer, en cherchant à accorder, dans une certaine mesure, les difficultés à vaincre avec les intérêts des populations.

Aujourd'hui, plus que jamais, nous sommes convaincus que l'avenir de l'industrie des mines attirera ses regards et ne tardera pas à les fixer. Aussi nous le prions, dans l'intérêt des populations que nous avons visitées dans l'année 1864, de bien vouloir faire examiner sérieusement la question déjà agitée de la prolongation du chemin de fer à travers des contrées aussi riches en métaux, aussi abondantes en eaux thermales. Nous sommes convaincus qu'aux difficultés moindres de l'entreprise se joindront en outre, en faveur de notre opinion, des avantages matériels plus considérables que partout ailleurs.

FIN DE LA PREMIÈRE LIVRAISON.

www.ingramcontent.com/pod-product-compliance
Ingram Content Group UK Ltd.
Pitfield, Milton Keynes, MK11 3LW, UK
UKHW022122170726
13837UKWH00003B/1303